酷科学
KU KEXUE KEJI DIAWYAN

替代人类工作的
机器人

张红琼◎主编

时代出版传媒股份有限公司
安徽美术出版社
全国百佳图书出版单位

图书在版编目（CIP）数据

替代人类工作的机器人/张红琼主编．—合肥：安徽美术出版社，
2013.3（2021.11重印）

（酷科学．科技前沿）
ISBN 978-7-5398-4235-6

Ⅰ.①替… Ⅱ.①张… Ⅲ.①机器人-青年读物②机
器人-少年读物 Ⅳ.①TP242-49

中国版本图书馆 CIP 数据核字（2013）第 044375 号

酷科学·科技前沿
替代人类工作的机器人

张红琼 主编

出 版 人：王训海
责任编辑：张婷婷
责任校对：倪雯莹
封面设计：三棵树设计工作组
版式设计：李 超
责任印制：缪振光
出版发行：时代出版传媒股份有限公司
　　　　　安徽美术出版社（http://www.ahmscbs.com）
地　　址：合肥市政务文化新区翡翠路 1118 号出版传媒广场 14 层
邮　　编：230071
销售热线：0551-63533604 0551-63533690
印　　制：河北省三河市人民印务有限公司
开　　本：787mm×1092mm 1/16 印 张：14
版　　次：2013 年 4 月第 1 版 2021 年 11 月第 3 次印刷
书　　号：ISBN 978-7-5398-4235-6
定　　价：42.00 元

如发现印装质量问题，请与销售热线联系调换。

　　"机器人"一词，最早出现在 1920 年捷克斯洛伐克科幻作家卡雷尔·恰佩克的《罗萨姆的万能机器人》一书中，原文称作"Robota"，后来演变成为"Robot"（自动控制机器），即俗称的机器人。机器人包括一切模拟人类行为或思想与模拟其他生物的机械（如机器狗、机器猫等）。狭义上对机器人的定义还存在很多分类法及争议，有些电脑程序甚至也被称为机器人。在当代工业中，机器人指能自动执行任务的人造机器装置，用以替代或协助人类工作。

　　机器人技术作为 20 世纪人类最伟大的发明之一，自 20 世纪 60 年代初问世以来，从简单机器人到智能机器人，机器人技术的发展已取得长足进步。1967 年，日本科学家森政弘与合田周平提出："机器人是一种具有移动性、个体性、智能性、通用性、半机械半人性、自动性、奴隶性等七个特征的柔性机器。"1988 年，法国的埃斯皮奥将机器人定义为："机器人是指设计能根据传感器信息实现预先规划好的作业系统，并以此系统的使用方法作为研究对象。"

　　1987 年，国际标准化组织对工业机器人进行了定义："工业机器人是一种具有自动控制的操作和移动功能，能完成各种作业的可编程操作机。"中国科学家对机器人的定义是："机器人是一种自动化的机器，所不同的是这种机器具备一些与人或其他生物相似的能力，如感知能力、规划能力、动作能力和协同能力，是一种具有高度灵活性的自动化机器。"

在研究和开发未知及不确定环境下作业的机器人的过程中，人们逐步认识到机器人技术的本质是感知、决策、行动和交互技术的结合。理想中的高仿真机器人是高级整合控制论、机械电子、计算机与人工智能、材料学和仿生学的产物，目前科学界正在向此方向研究开发。当前，在机器人技术领域走在世界前列的国家是日本。

今天，对人类来说，太脏、太累、太危险、太精细、太粗重或太反复无聊的工作，常常由机器人代劳。从事制造业的工厂里的生产线就应用了很多工业机器人，其他应用领域还包括：建筑业、石油钻探、矿石开采、太空探索、水下探索、毒害物质清理、搜救、医学、军事领域等。

本书介绍了机器人的一些基本概念、机器人的器官、机器人的发展历史、机器人的本领、形形色色的机器人等与机器人有关的知识，另外还专门探讨了机器人与人的关系，并将其在人类社会中所扮演的角色定位为人类的助手和朋友。本书内容翔实，故事生动，值得一读。

CONTENTS

目录 替代人类工作的机器人

机器人概述

　　机器人是高级整合控制论、机械电子、计算机、材料和仿生学的产物，在工业、医学、农业、建筑业甚至军事等领域中均有重要用途。一般来说，人们都可以接受这种说法，即机器人是靠自身动力和控制能力来实现各种功能的一种机器。联合国标准化组织采纳了美国机器人协会给机器人下的定义："一种可编程和多功能的操作机，或是为了执行不同的任务而具有可用电脑改变和可编程动作的专门系统。"机器人能为人类带来许多便利。

什么是机器人

大家都知道，目前，地球上共生活着 70 多亿人，他们有不同的肤色、语言和文字，属于不同的民族，具有不同的生活方式和风俗习惯，居住在不同的国家和地区。但是，他们的形貌、人体组织构造以及他们繁衍生息的方式，都是相同的，其机体都是由生物细胞组成的，是有生命的最高级的生物人。

知识小链接

细 胞

细胞是生命活动的基本单位。已知除病毒之外的所有生物均由细胞组成，但病毒的生命活动也必须在细胞中才能体现。一般来说，细菌等绝大部分微生物以及原生动物由一个细胞组成，即单细胞生物；高等植物与高等动物则是多细胞生物。

在地球上还有没有区别于这种生物人的其他"人种"呢？据传，在深山野林和茫茫雪海中，居住着"野人"和"雪人"，虽然经过许多探险家不畏艰辛的多年考察，但是至今尚未得到证实。还有其他星球的"宇宙人"曾造访地球的传说，至今仍然是一个值得探索、求证的问题。

近十几年来，世界上一些国家的科学家，正在坚持不懈地从事克隆技术的研究工作，并且取得了长足的进展。例如，英国科学家伊恩·维尔穆特博士于 1996 年 7 月，用成年羊体细胞克隆出世界上第一只活羊——"多莉"，这只羊于 1998 年和 1999 年先后两次用传统的方式产下了小羊。随后，又有一些国家研究出克隆牛的技术。以中国农业大学李宁教授为首的科研小组，于 2002 年 4 月 27 日成功地克隆出我国第一头冀南牛，起名为"波娃"，这就意味着人类已经具备了制造克隆人的技术能力。事实上，某些国家的科学家不顾人们的反对，正在进行克隆人的实验。但是，即使是克隆人，仍然属于生物人，因为克隆人的基因、体内组织以及形貌等都与其母体完全相同，正如克隆羊"多莉"与其母体羊完全没有区别一样。由此可知，当今世界仍然是我们生物人一统天下的世界，人类至高无上，是地球的真正主人。人类在地球上繁衍生息，代代相传，为了自己的生存和发展，勇于探索，不断地有所发现，有所发明，有所创造，有所前进。

趣味点击　　"雪人"

"雪人"是传说中一种类似猿猴、身上长满毛发的生物，生活在喜马拉雅山脉中。据英国《卫报》报道，一个由加拿大和瑞典科学家组成的专家组曾宣称，有95%的可能性确定在俄罗斯西伯利亚克麦罗沃州生活有传说中的"雪人"。前苏联解体后，克麦罗沃州的"雪人"目击事件日益增多，曾有数十位当地村民和猎人在山脉地区发现"雪人"踪迹。他们描述"雪人"身高大约2.3米，时常偷盗偏远农场的家畜。克麦罗沃州政府过去几年曾试图抓捕"雪人"，以开发当地旅游业。

刚刚过去的20世纪，是人类的一个极其辉煌的发明创造的世纪，人类的生活质量和社会生产力有了极大的提高。一种智能机器——机器人就是20世纪最伟大的发明之一。从第一台现代机器人诞生以来，在短短的四五十年中，机器人技术迅速发展，机器人产量急速增加，应用范围日益广泛，几乎涉及社会生产和人类生活中的各个领域，逐步成为人类不可缺少的助手。这是在地球上，除了生物人之外的第二种"人"，我们暂且把它称为人类的"新异族"。

人类的"新异族"——机器人到底是一种什么样的"人"呢？许多人，特别是广大青少年，对它感到既神奇又迷惑。他们往往从科幻文学作品和影视传媒上得到如下的印象：机器人的形貌和我们人类相像，但是，它们的本领高强，神通广大，无所不能，我们人类望尘莫及。事实上，这种看法至少在目前是不正确的，现在让我们用实例加以说明。

当人们走进机器人实验室或者去参观机器人展览会，就会发现绝大多数机器人根本不像我们生物人，尤其是用于工农业生产上的产业机器人和用于军事上的军用机器人，在外形上与我们人类毫无共同之处，其构形千奇百怪。

从20世纪80年代发展起来的部分服务型机器人和娱乐型机器人，已经初步具有人的形貌，其头部、身躯和手臂大致可以区分开来，这是一种仿人形机器人。但是，这种机器人与我们人类相比较，仍相差甚远。你看它们一个个笨头笨脑、五官不全、身体粗短，虽然有的具有语言功能，但声音瓮声瓮气，毫无美感，哪像我们人类，具有优美匀称的体形，表情丰富的面孔，以及抑扬顿挫、十分动听的语言。不过，机器人科学家正在研制仿人形智能机器人，那种机器人将会接近生物人的形貌。

既然绝大多数机器人的形貌不像我们生物人，为什么又给它起了一个带"人"字的名称呢？让我们首先考察一下"机器人"一词的由来。1920年，有一位名字叫卡雷尔·恰佩克的作家，他发表了《罗萨姆的万能机器人》科幻剧本，卡雷尔·恰佩克在剧本中把机器人称作"Robota"，后来演变成了"Robot"。该剧本的大概内容是：机器人开始没有感觉和感情，只是按照它的主人的命令以呆板的方式默默地从事繁重的劳动。后来，罗萨姆公司发展了，所生产的机器人具有感情，并且得到越来越多的应用，这时机器人发觉人类对自己的不公，是在奴役它们，于是奋起反抗。由于这时机器人的体能和智能已经超过了人类，就把人类消灭了。但是，机器人尚不知道自己是怎样被制造出来的，因为不能繁衍后代，担心自己会很快灭绝，于是又开始寻找人类的幸存者。当然，它们不会找到。后来，有一

现代智能机器人

对智商很高的一男一女机器人，它们相爱并且有了爱的结晶，这时，机器人已经进化为新的人类，于是世界又起死回生了。这个剧本所编造的故事，显然是十分荒诞的，但是，在当时却引起了人们的广泛关注，社会反响十分强烈。于是，"机器人"这个名称，就被人们牢牢地记住了，这就是"机器人"一词的由来。其次，"机器人"这个名字之所以能让人们接受和承认，更为主要的是因为幻想变成了现实——后来人们真的研制出了机器人，并且具有生物人的某些本领。常言道"人不可貌相"，尽管机器人初生代的形貌不像生物人，但是，它们可以像生物人那样，做些仿人的动作，能做一些和生物人一样的工作，甚至可以从事生物人难以做到的工作。例如工业机器人，它们具有多种本领，对任务不讲价钱，优质、高效、准确可靠，不知疲倦地进行工作。请看，这里有一台焊接机器人，它有一条比生物人长得多的手臂，其"手"拿（实际上是夹持）焊具，时而高举手臂——这是退出工件的动作，时而将手臂移至工件的位置，使焊具准确地对准需要焊接的地方，于是发出耀眼的光芒。只见它动作自如，神气活现，有条不紊，不知疲倦。

焊接机器人

基本小知识

繁　衍

　　繁衍是指某种生命及生命系统的生育、链接和延续过程，是生命孕育后代的行为，可分为有性繁衍和无性繁衍。人类是通过有性繁衍方式繁衍生息的物种。

　　再看一下特殊用途的机器人，比如军用机器人，它们可以遨游太空（空间机器人）；可以潜入水下 6000 米以下进行作业（水下机器人）；可以不畏艰险去执行排雷任务（陆用机器人）等。再比如家庭用服务机器人，它们可以作为家庭服务员，帮助主人做许多家务；娱乐机器人，可以在悠扬的乐曲伴奏下，翩翩起舞，十分可爱。

娱乐机器人

在近十余年来，科学家相继研制出类人机器人，它们已经初步具有人类的思维和语言功能，机器人将向着类人方向发展。

现在我们要回答什么是机器人的问题了。首先需要指出，由于机器人涉及生物人的一些概念，同时又由于机器人技术的不断发展，因此，各国对机器人的定义至今尚不统一。

1967 年，日本的森政弘与合田周平共同提出："机器人是一种具有移动性、个体性、智能性、通用性、半机械半人性、自动性、奴隶性等 7 个特征的柔性机器。"

另一位日本专家加藤一郎提出机器人具有的 3 个条件：

（1）具有脑、手、脚三要素的个体。

（2）具有非接触传感器和接触传感器。

（3）具有平衡觉和固有觉的传感器。

显然，加藤一郎所下的定义，是指机器人具有类人性，是自主机器人，而非通用工业机器人。

美国机器人协会提出并被联合国国际标准化组织采纳的机器人定义是："一种可编程和多功能的操作机，或者是为了执行不同的任务而具有可用电脑改变和可编程动作的专门系统。"

1988 年，法国的埃斯皮奥对机器人下的定义："机器人是指设计能根据传感器信息实现预先规划好的作业系统，并以此系统的使用方法作为研究对象。"

中国科学家对机器人的定义："机器人是一种自动化的机器，所不同的是这种机器具有一些与人或其他生物相似的智能能力。如感知能力、规划能力、动作能力和协同能力，是一种具有高度灵活性的自动化机器。"另外，还有更为简洁的定义："机器人是一种用计算机编制程序的自动化操作机器"或者"机器人是靠自身动力和控制能力来实现各种功能的一种机器"等。

工业机器人是诞生最早、发展最快、应用最为广泛的一种机器人，对于这种机器人，各国又有专门的定义。

1987 年，国际标准化组织对其的定义："工业机器人是一种具有自动控制的操作和移动功能，能完成各种作业的可编程操作机。"

知识小链接

国际标准化组织

国际标准化组织简称 ISO，是世界上最大的非政府性标准化专门机构，是国际标准化领域中一个十分重要的组织。ISO 的任务是促进全球范围内的标准化及其有关活动，以利于国际产品与服务的交流，以及在知识、科学、技术和经济活动中发展国际的相互合作。它显示了强大的生命力，吸引了越来越多的国家参与其活动。

中国国家标准的定义："工业机器人其操作机是自动控制的，可重复编程、多用途，并可对 3 个以上的轴进行编程，它可以是固定式或移动式，在工业自动化应用中使用。"

机器人之所以能够完成各类作业，是因为它有一个灵活的机械装置，即执行机构，叫作操作机（或叫操作器）。操作机的定义是："具有和人的手臂相似的动作功能，可以在空间抓放物体或进行其他操作的机械装置。""这个装置，通常由一系列互相铰接或相对滑动的机构件所组成。它通常有几个自由度，用以抓取或移动物体（工具或工件）。"所以对于工业机器人可以这样理解：它有类似人的手臂、手腕和手功能的电子机械装置；它可把某一工件或工具按照空间位置和姿态随时变化的要求进行移动，从而完成某一工业生产的作业。

虽然各国对机器人定义的文字表述不尽相同，但其中心思想是一致的：

第一，机器人是由生物人研制出的，为了满足人类需要的自动化机器，本身不具备生物人那种"生命信息"，其形貌不一定像生物人，特别是产业环境下所用的工业机器人。

第二，机器人具有生物人（或某些动物）一些相似的功能，包括智能、技能和体能，在某些方面，机器人的能力可能超过人类。

拓展阅读

从科幻小说中探索未来

科学总要发展，自然和社会会不断变化，人们必须面对不断变化的未来。科幻小说正是探索未来各种可能的最好形式，它既可以使人们为未来作思想准备，也可以使人们更好地创造未来。科幻小说还可以使人们产生新的思想，或者从旧的思想里发掘新的意义。正如麦克因泰尔所说："科幻小说描写科技发展的后果……探索人类和人类的价值。它需要更多的工作，更敏锐的洞察，更优秀的作品……它是探索感情和心理的工具。"

既然机器人是为人所制、为人所用，而且又是智能化很高的机器，于是就有一个安全可靠的问题，换句话说，就是要保证机器人不伤害人类。为此，1950年科幻小说作家阿西莫夫在他的著作《我的机器人》中，提出了"机器人三原则"：

（1）机器人不应伤害人类，而且不能忽视机器人伤害人类。

（2）机器人应遵守人类的命令，与第（1）项违背的命令除外。

（3）机器人应能保护自己，与第（1）项相抵触者除外。

"机器人三原则"一直是机器人科学家研究、开发工作的准则。但是，随着机器人技术的发展，特别是仿人形智能机器人的出现和完善，机器人自身控制能力越来越强，有朝一日，机器人将可能不会听从人类的命令而失控，因此，科学家认为"机器人三原则"不够完善，于是又提出如下两条附加条件：

（1）机器人应装上自杀装置，当机器人危害人类时，应能自动停止。这是一条人类安全防护措施。

（2）机器人应装上阻止自己破坏自己的装置，以防机器人擅自自杀。这是一条自保措施。

需要特别指出：机器人有着广泛的含义，它既包括仿生物人动作的自动化机器，如大量使用的工业机器人、服务型机器人等，也包括仿各种动物动作的机器玩偶，如机器狗、机器猫、机器鱼、机器蛇、机器昆虫等，还包括用于军事上的、能代替人执行军事任务的现代化装置，它们称为军用机器人，有陆用、水用、空用等，各式各样，种类繁多。具体内容，将在以后的章节中予以详述。

总之，机器人作为人类创造的"新异族"，已经出现并且不断发展壮大，在不远的将来，它将走入千家万户，我们应该抱着欢快的心态，迎接它、了解它、熟悉它、应用它，让它真正成为人类的好伙伴。

➡️ 机器人的基本结构

科学家研制机器人，实际上是仿照人类去塑造机器人，首先要使机器人具有人类的某些功能、某些行为，能够胜任人类希冀的某种任务，其发展标准应为仿人形智能机器人。因此，我们研讨机器人的基本结构，可与人体的基本结构相对照来进行。

大家知道，在万物众生中，人类的形貌是最完美的：整个躯体比例匀称、结构巧妙；有生动的面孔、能思维的头脑和灵活的四肢；在胸腹腔内，有五脏六腑，组织结构极为复杂、严密，这就是万物之灵的人类。

人体的组织结构是一个非常严密、非常复杂的统一体，细胞是构成人体的基本结构和功能单位。人体各系统之间互相关联、影响和依存，在神经系统统一支配下，各系统协调一致，共同完成人的生命活动和功能活动。

机器人的结构，通常由执行机构、驱动系统、控制系统等部分组成。

◎ 机器人的执行机构

众所周知，人的功能活动（劳动）分为脑力劳动和体力劳动两种，但两者往往又不能截然分开。从执行器官讲，就是在大脑支配下的嘴巴和四肢。单从体力劳动来讲，可以靠脚力、肩扛，但最为主要的是人的手臂和手，所谓"双手创造世界"。而手的动作，离不开胳膊、腰身的支持与配合。手部的动作和其他部位的动作是靠肌肉张弛，并由骨骼作为杠杆支持而完成的。

机器人的执行机构，包括手部、腕部、臂部、腰部和基座，它与人的身体结构基本上相对应，其中基座相当于人的下肢。机器人的构造材料，至今仍是无生命的金属和非金属材料，用这些材料加工成各种机械零件和构件，例如仿人形的"可动关节"。机器人的关节（相当于机构中的"运动副"），有滑动关节、回转关节、圆柱关节和球关节等类型，在何部位采用何种关节，则由要求它做何种运动而决定。机器人的关节，保证了机器人各部位的可动性。

机器人的手部，又称末端执行机构，它是工业机器人和多数服务型机器人直接从事工作的部分，根据工作性质（机器人的类型），其手部可以设计成夹持型的夹爪，用以夹持东西；也可以是某种工具，如焊枪、喷嘴

拓展阅读

非金属材料

非金属材料是指由非金属元素或化合物构成的材料。自19世纪以来，随着生产和科学技术的进步，尤其是无机化学和有机化学工业的发展，人类以天然的矿物、植物、石油等为原料，制造和合成了许多新型非金属材料，如水泥、人造石墨、特种陶瓷、合成橡胶、合成树脂（塑料）、合成纤维等。这些非金属材料因具有各种优异的性能，为天然的非金属材料和某些金属材料所不及，从而在工业中的用途不断扩大，并迅速发展。

等；也可以是非夹持类的，如真空吸盘、电磁吸盘等；在仿人形机器人中，手部可能是仿人形多指手了。

机器人的腕部，相当于人的手腕，它上与臂部相连，下与手部相接，一般有 3 个自由度，以带动手部实现必要的姿态。

机器人的臂部，相当于人的胳膊，下连手腕，上接腰身（人的胳膊上接肩膀），一般由小臂和大臂组成，通常是带动腕部做平面运动。

机器人的腰部，相当于人的躯干，是连接臂部和基座的回转部件，由于它的回转运动和臂部的平面运动，就可以使腕部做空间运动。

机器人的基座，是整个机器人的支撑部件，它相当于人的两条腿，要具备足够的稳定性和刚度，有固定式和移动式两种类型，在移动式的类型中，有轮式、履带式和仿人形机器人的步行式等。

◎ 机器人的驱动系统

机器人的驱动系统，是将能源传送到执行机构的装置。

机器人的能源按其工质的性质，可分为液压驱动、气压驱动、电动驱动和混合式 4 大类，在混合式中，有气电混合和液电混合。液压驱动就是利用液压泵对液体加压，使其具有高压势能，然后通过分流阀（伺服阀）推动执行机构进行动作，从而达到将液体的压力势能转换成做功的机械能。液压驱动的最大特点，就是动力比较大，力和力矩

广角镜

机械能守恒与永动机

机械能守恒，指在不计摩擦和介质助力的情况下物体只发生动能和势能的相互转化且机械能的总量保持不变，也就是动能的增加或减少等于势能的减少或增加。机械能与整个物体的机械运动情况有关。当有摩擦时，一部分的机械能转化为热能，在空气中散失，另一部分转化为动能或势能。所以在自然界中没有机械能能守恒，永动机也不可能被制造出来，也就是没有永动机。

惯性比大，反应快，比较容易实现直接驱动，特别适用于要求承载能力和惯

性大的场合。其缺点是多了一套液压系统，对液压元件要求高，否则，容易造成液体渗漏，噪声较大，对环境有一定的污染。

气压驱动的基本原理与液压驱动相似。气压驱动的优点是工质（空气）来源方便，动作迅速，结构简单，造价低廉，维修方便；其缺点是不易进行速度控制，气压不宜太高，负载能力较低等。

电动驱动是当前机器人使用最多的一种驱动方式，其特点是电源方便，响应快，信息传递、检测、处理都很方便，驱动能力较大；其缺点是因为电机转速较高，必须采用减速机构将其转速降低，从而增加了结构的复杂性。目前，一种不需要减速机构就可以直接用于驱动，具有大转矩的低速电机已经出现，这种电机可使机构简化，同时可提高控制精度。

机器人的驱动系统，相当于人的消化系统和循环系统，是保证机器人运行的能量供应。

◎ 机器人的控制系统

机器人的控制系统是由控制计算机及相应的控制软件和伺服控制器组成，它相当于人的神经系统，是机器人的指挥系统，对其执行机构发出如何动作的命令。不同发展阶段的机器人和不同功能的机器人，所采取的控制方式和水平是不相同的。例如，在工业机器人中，有点位控制和连续控制两种方式。最新和最为先进的控制是智能控制技术。

所谓智能，简而言之，是指人的智慧和能力，就是人在各种复杂的条件下，为了达到某一目的，能够作出正确的决断，并且实施成功。在机器人控制技术方面，科学家一直努力并企图将人的智能引入机器人控制系统，以形成其智能控制，达到在没有人的干预下，机器人也能实现自主控制的目的。

机器人智能系统由两部分组成：感知系统和分析－决策智能系统。

（1）感知系统主要靠具有感知不同信息的传感器构成，属于硬件部分，包括视觉、听觉、触觉以及味觉、嗅觉等传感器。在视觉方面，目前多是利用摄像机作为视觉传感器，它与计算机相结合，并采用电视技术，使机器人具有视觉功能，可以"看到"外界的景物，经过计算机对图像的处理，就可对机器人下达如何动作的命令。这类视觉传感器在工业机器人中，多用于识别、监视和检测。

知识小链接

传感器

　　传感器是一种物理装置或生物器官，能够探测、感受外界的信号、物理条件（如光、热、湿度）或化学组成（如烟雾），并将探知的信息传递给其他装置或器官。人们为了从外界获取信息，必须借助于感觉器官。而单靠人们自身的感觉器官，在研究自然现象和规律以及生产活动中它们的功能就远远不够了。为适应这种情况，就需要传感器。

　　2001 年 2 月 26 日，《解放日报》报道了美国麻省理工学院（MIT）科学家布雷吉尔女士发明的一个名叫"基斯梅特"的婴儿机器人。它有一个大脑袋，身体矮小，有一双大得不成比例的蓝眼睛，两只粉红色的耳朵，一张用橡胶做成的大嘴巴，具有婴儿的视力和喜、怒、哀、乐的表情，惹人爱怜。它的眼睛是

婴儿机器人

由两台微型电子感应摄像机构成的，最佳聚焦位置为 0.6 米，与婴儿的视力大致相同。

　　机器人的听觉功能，就是指机器人能够接受人的语音信息，经过语音识别、语音处理、句法分析和语义分析，最后作出正确对答的能力。这就是所谓的语音识别。语音识别系统一般是由传声器、语音预处理器、计算机及专用软件所组成。

目前机器人的语言是一种"合成语言"，与人类的语言有很大的区别。其语音尚没有节奏，没有抑、扬、顿、挫。

机器人的触觉传感器，多为微动开关、导电橡胶或触针等，利用它对触点接触与否所形成电信号的"通"与"断"，传送到控制系统，从而实现对机器人执行机构的命令。

当要求机器人不得接触某一对象而又要实施检测时，就需要机器人安装非接触式传感器，目前这类传感器有电磁涡流式、光学式和超声波式等类型。

机器人的力学传感器。当要求机器人的末端执行机构（如抓爪）具有适度的力量，如握力、拧紧力或压力时，就需要有力学传感器。力学传感器种类较多，常用的是电阻应变式传感器。

机器人的嗅觉传感器。人类的嗅觉是通过鼻黏膜感受气味的刺激，由嗅觉神经传递给大脑，再由大脑将信息与记忆的气味信息加以比较，从而判定气味的种类及来源。科学家研制出一种能辨别气味的电子装置，叫作"电子鼻"，它包括气味传感器、气味存储器和具有识别处理有关数据的计算机。其中气味（即嗅觉）传感器就相当于人类的鼻黏膜。但是，一种嗅觉传感器只能对一类气味进行识别，所以，必须研制出对复合气体有识别能力的"电子鼻"。据报道，美国已研制成用 20 种相关的传感器和计算机相连，以计算机存储的气味记录与传感器信号加以比较判定，并可在显示器上显示的"电子鼻"。人的鼻子对气味的判定具有多种性，但因易疲劳和受病痛的影响，因此不十分可靠，而"电子鼻"胜过人类。

（2）机器人的分析－决策智能系统，主要是靠计算机专用或通用软件来完成，例如专家咨询系统。

目前，一些发达国家都在加紧新一代机器人的研制工作。例如，日本住友公司研制出具有视觉、听觉、触觉、味觉和嗅觉 5 种感知功能的机器人，它内部装置了 14 种微处理器，有很强的记忆功能，一次接触就可以记住你的声音和面貌。再如，美国斯坦福大学研制成功的保卫机器人——"罗伯特警长"，当它发现窃贼时，会立即发出报警信号，并且穷追不舍，一旦抓住了窃贼，它就立即向窃贼脸上喷出麻醉气体，使之昏迷。

知识小链接

斯坦福大学

斯坦福大学建于 1891 年 10 月 1 日，是美国一所私立大学，被公认为世界上最杰出的大学之一。它位于加利福尼亚州的斯坦福市，临近旧金山。斯坦福大学拥有的资产属于世界大学中最大的之一。它占地 35 平方千米，是美国面积第二大的大学。

　　综上所述，机器人的构造与人类相比可以看出：目前机器人没有呼吸系统，尚不具备生殖系统，没有类人的肌肉和皮肤；其他构造从功能方面讲，都可以互相对应起来。据机器人专家预测，未来的机器人可能会与生物人难以区别。

◉ 机器人的世界

　　18 世纪的产业革命，加速了机械化的进程，有效地延伸了人类的双手；20 世纪五六十年代以来，在微电子学、信息论及计算机技术的基础上发展起来的智能化，大大地延伸了人类的大脑。而目前得到世界各国普遍重视的机电一体化，则综合地延伸了人类的双手和大脑。所谓机电一体化，其实质就是以机械为手足而以电子为大脑，通过传感器来实现信息感知。像数控机床、智能化仪表、计算机终端、电传打字机、录音机以及各类机器人等，都是属于机电一体化的产物。

　　现代机器人不同于传统的自动化机器。它们的本质差别在于：机器人可以从事多种多样的劳动，有的机器人还会"思维"，具有某种"智力"，而传统的自动化机器一般只能进行单项的操作。

知识小链接

微电子学

微电子学是电子学的一门分支学科，主要是研究电子或离子在固体材料中的运动规律及其应用，并利用它实现信号处理功能的学科。它是以实现电路和系统的集成为目的的。微电子学中实现的电路和系统又称为集成电路和集成系统，是微小化的。

据专家们估计，机器人产业将成为21世纪少数几种能主宰经济的高技术产业之一，就像汽车、化工、钢铁等工业主宰了20世纪六七十年代的经济一样。

工业机器人

工业机器人大都在汽车制造、电子工业、机械工业、塑料工业等行业中从事金属铸造、锻造、焊接、油漆、装配、包装、塑料成型以及搬运等体力劳动。

由于机器人数量的增多，国外已出现"无人工厂"和"无人车间"。像日本的某个工厂，全厂的100名员工基本上都是上白班，从下午5时到次日清晨5时全由机器人当班。其生产工序全盘自动化，机器人当班时只用一两名人员照料现场。在日本，除大型企业广泛使用机器人外，在中小型企业中对机器人的使用也越来越多。美国及西欧各国也在发展工业机器人方面倾注了很大的力量。

服务机器人

现代机器人不仅能从事体力劳动，而且已涉足家庭、办公室、医院等部门，广泛从事服务性工作。

美国的服务型机器人能照顾残疾人和老弱病人，能为盲人引路，能拔鸡毛、爬树、砍树、整枝、采摘水果、打扫卫生、保卫建筑物、治安警戒……

在日本，富士公司制造的"秘书机器人"能在文件上签字、盖印，专为公司经理服务；日本电器公司制造的同类机器人能编制工作日程表，并能代总经理写信。此外还有"护士机器人""广告机器人""医疗诊断机器人"等。

法国巴黎地铁车站全部由机器人来清扫，它们能自动完成刷洗、吸尘、洒消毒水等工作。这种机器人有"眼睛"，当遇到障碍时便减速并鸣笛。若是在鸣笛之后障碍物仍不躲开，那么机器人便从障碍物的旁边绕过去。

工业用机器人

中国在 20 世纪 70 年代末 80 年代初由中国科学院自动化研究所和北京中医研究所共同开发的计算机诊疗系统，实质上就是"机器人医生"。它把著名中医关幼波的丰富医疗理论和宝贵临床经验结合起来，集中储存在系统软件中。使用时，通过输出系统将诊断、处方、医嘱、假条等直接用汉字打印出来。为了跟踪世界的高新技术，近几年来中国加快了发展机器人技术的步伐。中国的第一个机器人示范工程，早在 1986 年 7 月 9 日就在沈阳举行奠基仪式，并已于 1988 年底按计划建成。目前中国的机器人技术已从实验阶段进入了实用阶段。

服务型机器人

知识小链接

中国科学院

中国科学院于 1949 年 11 月在北京成立，是中华人民共和国科学技术方面的最高学术机构，全国自然科学与高新技术综合研究发展中心。1977 年 5 月，中国科学院的哲学社会科学部独立并另组中国社会科学院。中国科学院与中国工程院在中国并称"两院"。

◎ 军用机器人

服务型机器人进入军事领域，便成为军用机器人。早在 1985 年，美国海军部队就已使用机器人在海底完成清洗、打捞沉船等工作。这种军用机器人装有先进的信号传感系统，能够根据输入的程序来完成水下侦察、排雷及其他各种危险任务。

美国制造的一种"步行机器士兵"，其体重为 168 千克，有 6 条腿，身长可以伸缩，最长时可达 1.98 米，最短时只有 0.91 米，它能搬运 816 千克的重物。另外一种"机器人观察员"，能够根据敌方的反应来编制电脑程序，其造型如同一辆小型战车，可以充当"流动哨兵"。它由微电脑、人工智能软件和远程监视传感器等主要部件构成，平时可以担任基地和机场的外围警戒任务，能够识别入侵人员；战时可根据主人通过遥控监视台发出的指令来使用武器。这种机器人身上装有轻型机关枪和手榴弹、催泪弹等武器的发射装置。

军用机器人

　　目前一些军事强国正在研制具有以下功能的多用途军用机器人：能够在前线抢修军车；运送粮草、弹药和燃料等战斗物资；承担架桥、筑路、布设地雷和施放烟雾等危险任务；充当"步兵侦察班"，承担收集敌方军事情报的任务等。

　　1991 年的海湾战争结束后，以美国为首的多国部队曾使用军用机器人来清理战场。这种军用机器人实际上是一种带有多重履带的遥控军用车辆，它能适应各种地形，可以爬 45° 的斜坡，能进入很狭窄的走廊内进行作业，清除地雷和未爆炸的炸弹……

➤ 智能机器人

　　智能机器人是采用先进电脑技术的机器人。它具备人的某些智慧，能够承担本来需要凭人的聪明才智才能去完成的某些复杂任务。这类机器人具有某种"思维"能力，能"听"，能"看"，能够准确判断周围的环境并自行作出某种"决策"，其中有的还具有记忆和推理的能力。

　　美国的罗纳德·阿金教授研制出一台"具有生存本领的机器人"，起名叫"乔治"。它是个矮胖子，只有 1 米高，但体重达 180 千克，生性"怕热"，当传感器显示出过热而冒汗时，它能自动地选择通风而有阴凉的地方。比方说，一般的机器人多沿直线行

智能机器人

走，除非碰到障碍物才会绕道而行。而"乔治"在过热的环境中，即便没有遇到障碍，也会自动地寻找有阴凉的道路走向目的地。

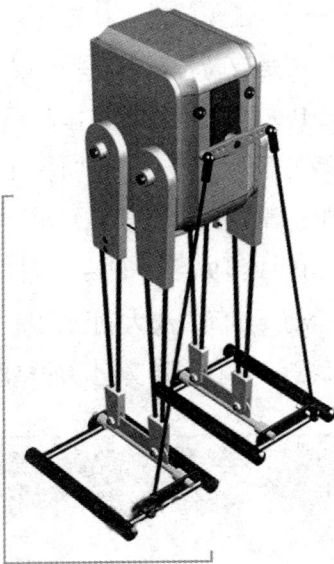

在国外，现在还有会画像、能弹奏钢琴的智能机器人，这类机器人都是由识别装置、控制装置及机械本体三个基本部分组成的。识别装置能识别人的相貌。它所带的摄像机在摄下人的原像之后，由电脑分成两路进行处理：一路分析出人面部的大致轮廓，再掌握面部的详细特征，然后把这些特征变成近似的圆弧和直线，并确定描画面部所用的线条粗细及先后顺序；另一路专门分析人的眼睛，若是眼睛画得神似，那么画像就是成功的。通过这两路的处理过程，就把结果合成了一个画面的数据信息，也就相当于画家已经有了给人画像的"腹稿"。这种机器人的控制装置，用电脑把画像的数据信息变成控制驱动电机的控制信号，驱动电机使机器人的胳膊、手腕和画笔运动，以完成画像任务。

智能机器人能下棋，这已经屡见不鲜。1988 年 9 月，在一次国际象棋表演赛中，由美国卡内基·梅隆大学制造的一台名叫"高技术"的智能机器人，一举击败了美国前象棋冠军。同年 11 月，另一台名叫"深思"的智能机器人，更是技高一筹，一举击败了著名的国际象棋大师拉尔森。

1990 年在英国的格拉斯哥举行了一次国际机器人运动会，当时有 11 个国家派机器人"选手"参加。日本筑波大学研制的"山彦 9 号"机器人，由于能越过障碍而无须停顿，结果荣获金牌。

1993 年 9 月 23 日—25 日再次在格拉斯哥举行了国际机器人运动会。在这届运动会期间，澳大利亚的剪羊毛机器人作现场表演，欧洲的唱歌机器人演出歌剧，还有能弹奏钢琴的机器人演奏钢琴。

知识小链接

格拉斯哥

格拉斯哥是苏格兰第一大城与第一大商港，英国第三大城市，位于中苏格兰西部的克莱德河河口。行政上，格拉斯哥属于格拉斯哥市的管辖范围，是苏格兰 32 个一级行政区（称为统一管理区）底下的一个。

机器人的器官

　　人有了触觉、视觉、听觉、嗅觉等器官，才能够触摸到、看到、听到、闻到外界的事物。作为机器人，若想和外界发生联系，无疑也要具备上述某种或者多种功能。这就要求其必须具备一些类似人的器官。本章着重介绍了机器人的手、眼睛、耳朵、鼻子等器官。

机器人的手

　　机器人要模仿动物的一部分行为特征，自然应该具有动物脑的一部分功能。机器人的大脑就是我们所熟悉的电脑。但是光有电脑发号施令还不行，最基本的还得给机器人装上各种感觉器官。我们在这里着重介绍一下机器人的手。

　　机器人必须有手，这样它才能根据电脑发出的命令做动作。手不仅是一个执行命令的机构，它还应该具有识别的功能，这就是我们通常所说的触觉。由于动物和人的听觉器官和视觉器官并不能感受所有的自然信息，所以触觉器官就得以存在和发展。动物对物体的软、硬、冷、热等的感觉就是靠触觉器官来感知的。在黑暗中看不清物体的时候，往往要用手去摸一下，才能弄清楚。大脑要控制手去完成指定的任务，也需要由手的触觉所获得的信息反馈到大脑里，以调节动作，使动作适当。因此，我们给机器人装上的手应该是一双会摸的、有识别能力的灵巧的手。

机器人的手一般由方形的手掌和节状的手指组成。为了使它具有触觉，在手掌和手指上都装有带弹性触点的触敏元件（如灵敏的弹簧测力计）。如果要感知冷暖，还可以装上热敏元件。当触及物体时，触敏元件发出接触信号，否则就不发出信号。在各指节的连接轴上装有精巧的电位器，它能把手指的弯

机器人的手

曲角度转换成"外形弯曲信息"。把"外形弯曲信息"和各指节产生的"接触信息"一起送入电子计算机，通过计算就能迅速判断机械手所抓的物体的

形状和大小。

知识小链接

热敏元件

热敏元件是利用某些物体的物理性质随温度变化而发生变化的敏感材料制成。例如：易熔合金或热敏绝缘材料、双金属片、热电偶、热敏电阻、半导体材料等。

现在，机器人的手已经具有灵巧的指、腕、肘和肩胛关节，能灵活自如地伸缩摆动，手腕也会转动弯曲。机器人通过手指上的传感器还能感觉出抓握的东西的重量，可以说已经具备了人手的许多功能。

在实际情况中有许多时候并不一定需要这样复杂的多节人工指，而只需要能从各种不同的角度触及并搬动物体的钳形指。1966 年，美国海军就是用装有钳形人工指的机器人"科沃"把因飞机失事掉入西班牙近海的一颗氢弹从海底捞上来。1967 年，美国飞船"探测者 3 号"把一台遥控操作的机器人送上月球。它在地球上的人的控制下，可以在两平方米左右的范围里挖掘月球表面四十厘米深处的土壤样品，并且放在规定的位置，还能对样品进行初步分析，如确定土壤的硬度、重量等。它为"阿波罗"载人飞船登月当了开路先锋。

▶ 机器人的眼睛

人的眼睛是感觉之窗，人有 80% 以上的信息是靠视觉获取，能否造出"人工眼"让机器也能像人那样看东西、识文断字，这是智能自动化的重要课题。关于机器识别的理论、方法和技术，称为模式识别。所谓模式是指被判别的事件或过程，它可以是物理实体，如文字、图片等，也可以是抽象的虚体，如气候等。机器识别系统与人的视觉系统类似，由信息获取、信息处理、特征抽取、判决分类等部分组成。

◎ 机器认字

拓展阅读

办公自动化

办公自动化简称OA，是将现代化办公和计算机网络功能结合起来的一种新型的办公方式。办公自动化没有统一的定义，凡是在传统的办公室中采用各种新技术、新机器、新设备从事办公业务，都属于办公自动化的领域。在行政机关中，大都把办公自动化叫作电子政务，企事业单位就大都叫OA，即办公自动化。通过实现办公自动化，或者说实现数字化办公，可以优化现有的管理组织结构，调整管理体制，在提高效率的基础上，增加协同办公能力，强化决策的一致性，最后实现提高决策效能的目的。

大家知道，信件投入邮筒需经过邮局工人分拣后才能发往各地。一人一天只能分拣2000～3000封信，现在采用机器分拣，可以将效率提高十多倍。机器认字的原理与人认字的过程大体相似。先对输入的邮政编码进行分析，并抽取特征，若输入的是个"6"，其特征是底下有个圈，左上部有一直道或带拐弯。其次是对比，即把这些特征与机器里原先规定的0到9这十个数字的特征进行比较，与哪个数字的特征最相似，就是哪个数字。这一类型的识别，实质上叫作分类，在模式识别理论中，这种方法叫作统计识别法。

机器人认字的研究成果除了用于邮政系统外，还可用于手写程序直接输入、政府办公自动化、银行合计、统计、自动排版等方面。

◎ 机器识图

现有的机床加工零件主要是靠操作者看图纸来完成。能否让机器人来识别图纸呢？这就是机器识图问题。机器识图的方法除了上述的统计方法外，还有语言法。它是基于人认识过程中视觉和语言的联系而建立的，把图像分解成一些直线、斜线、折线、点、弧等基本元素，研究它们是按照怎样的规则构成图像的，即从结构入手，检查待识别图像是属于哪一类句型，是否符合事先规定的句法。按这个原则，若句法正确就能识别出来。

机器识图具有广泛的应用领域，在现代的工业、农业、国防、科学实验和医疗中，涉及大量的图像处理与识别问题。

◎ 机器识别物体

机器识别物体即三维识别系统，一般是以电视摄像机作为信息输入系统。根据人识别物体主要靠明暗信息、颜色信息、距离信息等原理，机器识别物体的系统也是输入这三种信息，只是其方法有所不同罢了。由于电视摄像机所拍摄的方向不同，可以得到各种图形，再抽取出它的棱数、顶点数、平行线组数等立方体的共同特征，参照事先存储在计算机中的物体特征表，便可以识别立方体了。

机器人的眼睛

目前，机器可以识别简单形状的物体。对于曲面物体、电子部件等复杂形状的物体识别及室外景物识别等研究工作，也有所进展。机器识别物体主要用于工业产品外观检查，工件的分选和装配等方面。

◆ 机器人的耳朵

人的耳朵是仅次于眼睛的感觉器官，声波叩击耳膜，引起听觉神经的冲动，冲动传给大脑的听觉区，因而引起人的听觉。机器人的耳朵通常是用"微音器"或录音机来做的。被送到太空去的遥控机器人，它的耳朵本身就是一架无线电接收机。

人的耳朵是十分灵敏的。可是用一种叫作钛酸钡的压电材料做成的"耳朵"比人的耳朵更为灵敏，即使是火柴棍那样细小的东西反射回来的声波也能被它"听"得清清楚楚。如果用这样的耳朵来监听粮库，那么在三千克的粮食里的一条小虫爬动的声音也能被它准确地"听"出来。

用压电材料做成的"耳朵"之所以能够听到声音，其原因就是压电材料在受到拉力或者压力作用的时候能产生电压，这种电压能使电路发生变化。这种特性就叫作压电效应。当它在声波的作用下不断被拉伸或压缩的时候，就产生了随声音信号变化而变化的电流，这种电流经过放大器放大后送入电子计算机（相当于人的大脑的听区）进行处理，机器人就能听到声音了。

但是能听到声音只是做到了第一步，更重要的是要能识别不同的声音。目前人们已经成功研制了能识别连续话音的装置，它能够以百分之九十九的比率，识别不是特别指定的人所发出的声音，这项技术就使得电子计算机能开始"听话"了。这将大大降低对电子计算机操作人员的特殊要求。操作人员可以用嘴直接向电子计算机发布指令，改变了人在操作机器的时候手和眼睛忙个不停而与此同时嘴巴和耳朵却是闲着的状况。一个人可以用声音同时控制四面八方的机器，还可以对楼上楼下的机器同时发出指令，而且并不需要照明，这样就很适宜在夜间或地下工作。这项技术也大大加速了电话的自动回

广角镜

电路的组成

电路由电源、负载、连接导线和辅助设备四大部分组成。直流电通过的电路称为"直流电路"；交流电通过的电路称为"交流电路"。实际应用的电路都比较复杂，因此，为了便于分析电路的实质，通常用符号表示组成电路的实际原件及其连接线，即画成所谓的电路图。电路中的导线和辅助设备合称为中间环节。

答、车票的预定以及资料查找等服务工作自动化的实现进程。

现在人们还在研究使机器人能通过声音来鉴别人的心理状态，人们希望未来的机器人不光能够听懂人说的话，还能够理解人的喜悦、愤怒、惊讶、犹豫和暧昧等情绪。这些都会给机器人的应用带来极大的发展空间。

🔷 机器人的鼻子

人能够嗅出物质的气味，分辨出周围物质的化学成分，这全是由上鼻道的黏膜部分实现的。在人体鼻子的这个区域，在只有约五平方厘米的面积上却分布有五百万个嗅觉细胞。嗅觉细胞受到物质的刺激，产生神经脉冲传送到大脑，就产生了嗅觉。人的鼻子实际上就是一部十分精密的气体分析仪。人的鼻子是相当灵敏的，就算在一升水中放进二百五十亿分之一的乙硫醇（就是一种特殊的具有异常臭味的化学物质），人的鼻子也能够闻出来。

知识小链接

气体分析仪

气体分析仪是一种测量气体成分的流程分析仪表。在很多生产过程中，特别是在存在化学反应的生产过程中，仅仅根据温度、压力、流量等物理参数进行自动控制常常是不够的。由于被分析气体的千差万别和分析原理的多种多样，气体分析仪的种类繁多。常用的气体分析仪有热导式气体分析仪、电化学式气体分析仪和红外线吸收式气体分析仪等。

机器人的鼻子也就是用气体分析仪做成的。我国已经成功研制出一种嗅敏仪，这种气体分析仪不仅能嗅出丙酮、氯仿等四十多种气体，还能够嗅出人闻不出来但是却可以导致人死亡的一氧化碳气体（也就是我们通常所用的煤气的主要成分）。这种嗅敏仪有一个由二氧化锡、氯化钯等物质烧结而成的探头（相当于鼻黏膜）。当它遇到某些种类的气体的时候，它的电阻就发生变化，这样就可以通过电子线路作出相应的显示，用光或者声音报警。同时，用这种嗅敏仪还可以查出埋在地下的管道漏气的位置。

机器人的鼻子

现在利用各种原理制成的气体分析仪已经有很多种类，广泛应用于检测毒气，分析宇宙飞船座舱里的气体成分，监察环境等方面。

这些气体分析仪，原理和显示都和电现象有关，所以人们把它们叫作电子鼻。把电子鼻和电子计算机组合起来，就可以做成机器人的嗅觉系统了。

机器人的嘴巴

"机器人嘴巴"是由来自日本香川大学的一位教授发明的。他在一张人类嘴巴的橡胶复制品中放入了能模仿人类唱歌的声音盒子，成功发明出了这张会说话唱歌的"嘴巴"。

"机器人嘴巴"栩栩如生的橡胶嘴唇，从外表上看十分酷似滚石乐队的主唱——著名歌星贾格尔先生的嘴吧。虽然这张"机器人嘴巴"长得酷似摇滚歌星的嘴巴，但它并没有如贾格尔一样有一个美妙个性的歌喉，它"唱歌"时发出的声音颇似坏掉的割草机，然而那首在日本家喻户晓

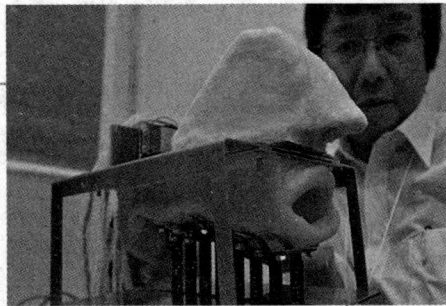

机器人嘴巴

的儿歌却仍然被它演绎得十分"动听"。尽管这张"机器人嘴巴"五音不全，歌声能让人做噩梦，但是不可否认的是，它代表着科学技术研究上的一项重大突破。

科学家最开始是为了研究仿生学才设计出这张"机器人嘴巴"的，但它与人类声音系统的惊人相似让科学家感到非常惊讶，最令科学家感到兴奋的是，它还能够模仿人类的演讲，只要将演讲的声音通过扬声器播放出来，它就会相应调整自己的声音，努力在口音和音调上与演讲者的声音接近。

这就意味着，这张绰号为"老明星橡胶唇"的"机器人嘴巴"，能够模仿人类讲话者的每一个语调，甚至连错误都能一字不差地模仿下来，而且模仿磨合的时间越长，也就意味着与讲话者的声音越接近。科学家表示，总有一天，它不仅外形酷似摇滚歌星贾格尔先生的嘴巴，而且完全有可能发出跟这位歌星一样动听的歌声。

拓展阅读

"机器人嘴巴"的应用

目前，这种机动控制的"机器人嘴巴"已经被用来作为失聪人群的声音训练。而且，这张高科技的"机器人嘴巴"还有望在未来被因外部伤害或者疾病而造成哑巴的人群所利用，它可以作为这些人群的"假体声音"来发挥作用。除此之外，它还可以被作为机械化声音来使用，例如在电话簿服务中自动阅读手机号，这样老朋友熟悉的声音就会在耳畔回响，仿佛他亲自在将电话号码读给你一样，便捷而有趣。

我们经常能在科幻影片里看到各种机器人与人类同台演出，与人类自由地沟通交流，甚至比人类更加伶俐。人们肯定想知道这样的人造机器是如何做到的？我们现在真的能造出这样的机器人吗？

虽然不能对这个问题作出多好的解释，但是从另一个角度来说，与机器人交流其实是通过语音来实现的，是与机器进行互动的一种操作。人与机器人的沟通核心的一个方面即是语音的识别，就是说机器人得先听懂人说的话。

接下来浅谈一下关于通过语音来进行人机交互的一些问题。

我们先看一个比较简单的例子——Windows 的语音识别轨范。

Windows 语音识别功能主要是用声音命令指挥你的电脑，实现离开键盘鼠标来实现人机交互。通过声音控制窗口、启动轨范、在窗口之间切换，使用菜单和单击按钮等功能。Windows 的语音识别功能仅仅限于 Windows 系统体系内的一些经常使用的操作和指令，而且是与监视器显示辅助来完成整个语音操作的。例如：

人机对话

你想用语音通过主菜单打开某个轨范，当你说出"开始"后，系统将会提供一个"显示编号"的区块划分功能（编号是半透明的，使你能知道此编号下是哪个轨范或文件夹），这样假如你想打开"下载"这个文件夹，你只需说出它的编号"10"，轨范就会给你打开"下载"这个文件夹了。这样做的原因一是如果你需要开启用户自行安装的纷繁复杂的轨范，Windows 的语音库里面可能没有这些轨范相应的名称，会造成识别禁绝，甚至无法识别；二是通过显示编号和语音识别编号，响应指令的效率更高，因此这种语音配合监视器的分模块显示大大地提高了用户使用 Windows 系统的效率和准确率。同样，如果你对桌面的文件进行语音操作，系统将会提供一个称之为"鼠标网络"的功能，对桌面进行区域的划分和自动编号，用语音加视觉来提高操作效率和识别的精准率。

在目前 Windows 的语音识别轨范中，除文本的语音输入（包含文字和符号）之外，还包含 16 个经常使用的命令、9 项经常使用的控件命令、31 项文本措置命令、15 项窗口命令、5 个点击屏幕任意位置命令，以及另外的几组键盘命令。用户所能语音指挥的也就是围绕这些预先准备好的命令进行交互操作，这将有可能提高人们使用电脑的效率，尽量把人们的双手从鼠标键盘上解放出来。目前，我们还能在主流的移动设备上看到语音识别功能的应用。

　　我们再前进一点，再想一下，假如现在我们要面对的不是电脑、手机，而是一个机器人，一个拟人化、仿真化的机器人，对照上面的例子你会很容易发现，它和我们经常使用的电子设备的不同之处在于，它大多是不会有一个我们通常所见的显示屏，那些通过语音指令结合屏幕可视化辅助来进行的高效的交互体例在机器人身上就受到了限制。在这种情况下，你面对机器人，肯定会想它在听我说话吗？我说什么它能听懂吗？我说什么它可能听不懂？这样一串串的疑问会立刻扑面而来。

　　其实，在我们现有的技术水平和条件下，特别是面向公共商用的机器人，想做到像影片里面那种人和机器人自由交流的情景几乎是不可能的。我们制造一个产品，会有功能定位和市场需求等很多方面要考虑，这里我们讨论的是一台为用户提供各种咨询和能进行简单语音逻辑"聊天"的机器人，需要如何措置语音交互方面的问题。下面以 Qrobot 为例，它是一种不依赖电脑屏幕，而直接与人互动和提供各种咨询的机器人。

　　机器人是由人创造发明的，在现有知识和技术条件下，在人类赋予它特定的能力之前，机器人是什么也做不了的。下面介绍一下要实现与机器人沟通需要做哪些工作。

　　一是给机器人提供一个"大脑"——思想的材料即知识、语言库。像 Qrobot 这样提供各种海量咨询和交流操作功能的机器人，如果把所有这些"原材料"堆在一起，一旦你有求于它的时候，它可能会慌了手脚，因此我们会先把机器人的语音知识库进行分类，把不同类型和专业的语言库分隔开，以提高机器人的工作效率和服务的准确度。这样用户如需要获得哪方面的信息和功能，就要先让机器人的"思维"进入相应的语言库中。比如你通过机器人来了解"音乐"方面的信息时，你需要让机器人进入与音乐相关的"语言库思维"中。在这种情况下，它就会把你说的任何话都当作与"音乐"相关的内容或指令了。

　　这里对照一下苹果不久之前发布的 iPhone 4s 的 Siri。根据资料来看，Siri 是一个集中统一的语音阐明措置中心，它通过监听用户的语音，然后提取关键词来理解用户的意图（当然用户事先要知道 iPhone 能帮他什么），然后可能经过与你确认，再触发相应的功能和服务，因此它最终提供的咨询和服务来自于整个 iPhone 系统。这样的措置体例能使产品看起来更加伶俐和易用。

　　除被分区的专业语言库外，机器人还得有"正常人"的思维，即识别专业语言库以外的各种指令和普通对话，否则它将只能是"机器"而非"人"了。

　　二是 Qrobot 各分区之间的转换，以及从语音库分区回到"集成模式"。除语音指令外，还需要非语音体例的的中间干预，这就涉及到触发监听和监听时机控制的问题。

　　Windows 的语音识别轨范是通过一个浮动控制器开关来控制机器听取你的指令。这里可以通过语音来让轨范采取关闭状态，可是处于关闭状态则无法用语音来命令它重新启动了，这时需要回到鼠标操作。

　　iPhone 的语音控制功能是通过触摸屏幕，启动 Siri 轨范后进入一个语音模式，在这种环境下用户才能使用语音操作手机和使用服务。如果退出 Siri，手机将不能听懂你的任何声音。

　　同样，你不会让 Qrobot 机器人一直听你说话。但是你需要它提供某一特定信息的时候，如何让它迅速进入相应的语音区域，高效准确地提供信息呢？机器人不能用一只鼠标去操作，这里我们给机器人设计一个响应区和相应手势：

　　（1）用触摸响应区域来控制机器人听或不听指令。

　　（2）用触摸响应区域加上配合语音指令的复合体例来切换机器人的语音库，或使用特定的词语来激发机器人进入或切换语音区来高效准确地获取信息。

　　另外，在不同的情况下，机器人听用户指令的状态也是不一样的，好比在"对话"状态下，机器人需要连续语音识别，这既基于情境需要，同时也基于语音技术。而好比在功能操作或者咨询获取，以及机器人自己说话的时候，其实不需要连续语音识别，而是设置一个适当的语音监听时长，一旦超过这个监听时间，机器人则不进行识别，也不会造成误听和误操作。

三是同一个话题的表达可能会有多种表述体例，同样任何问题的谜底也都不是单一的，因此第二个工作是需要让机器人能尽量听懂关于一件事情的各种不同表述体例，让机器人响应你的请求或问题时，每次会以不同的体例甚至情绪表示出来（这样能让机器人显得更加伶俐和人性化）。

由于语言的灵活性和丰硕度，在语音库的配置上就需要在输入和输出两方面做大量的工作，这包含当地（机器人内置存储空间）和云端两块。

对一个指令的意思需要在语言库中准备和配置好多种语言的表述体例和可能的关键字词，以便在用户使用各种表述体例的情况下，都能准确地判断出指令的意图，来提供准确的反馈和服务。

另一方面，当机器人理解了指令并经过"大脑"措置后把结果反馈给用户的时候，如上文所说，设计者不能只有一份准备。如何既能让用户获得准确的信息，又能体现出机器人的"人情味"来，同样也需要做大量技术算法的储备和语句、关键字词准备配置工作等，使每次输出既恰如其分，又灵活生动。

由于目前我们日常能接触到的和能使用的语音交互产物不是很多，技术水平也还不能尽善尽美。以上只是从几个基础的方面浅浅地触碰了以语音识别为基础的交互及产物，目前来说，语音交互对使用者的价值可能体现在以下几种情况：

（1）用户有视觉方面的损伤和缺陷。

（2）用户肢体处于忙碌状态。

（3）用户的眼睛被其他事情占用时。

（4）需要灵活反映事情时。

（5）在某些场所不便于使用键盘、鼠标等其他输入形式时。

可是语音交互形式相对于其他交互形式还是有其不足，与手指交互相比，语音交互增加了用户认知承担，容易受到外部噪声的干扰，而且遇到用户、环境等条件转变时语音识别将会变得不稳定等。

机器人的大脑

2008 年，全球首个生物脑机器人诞生，英国科学家日前揭开了这个有生物脑的机器人的神秘面纱，这个机器人的名字是"戈登"，它是世界上第一个专由活大脑组织控制的机器人。

"戈登"的原始大脑灰质由 30 万个经培育的老鼠神经细胞缝合而成，由英国雷丁大学科学家设计，他们揭开了这个由神经细胞驱动的机器的神秘面纱。该小组成员表示，他们这个开创性的试验将探索自然灵性和人工智能之间正在消失的界限，同时揭示记忆和认知最基本的构造单元。

雷丁大学教授、"戈登"机器人的主要设计者之一的瓦维克说："我们的目的是搞清楚记忆如何存储于生物大脑之中。"据他介绍，观察神经细胞在发出电脉冲时如何黏合成一个网络，还有助于科学家找到攻击大脑的神经变性疾病的治疗方法，比如阿尔茨海默氏症和帕金森氏综合征。

知识小链接

阿尔茨海默氏症

阿尔茨海默氏症是由于神经退行性变、脑血管病变、感染、外伤、肿瘤、营养代谢障碍等多种原因引起的一组症候群，是病人在意识清醒的状态下出现的持久的全面的智能减退，表现为记忆力、计算力、判断力、注意力、抽象思维能力、语言功能减退，情感和行为障碍，独立生活和工作能力丧失。

瓦维克说："如果我们可以对人类大脑模型中发生情况的基本原理有所了解，这可能会在医学上具有巨大的益处。""戈登"外表看上去有点像好莱坞卖座的动画大片《机器人总动员》中的主人公，其大脑由5万至10万个活跃的神经细胞构成。研究人员从老鼠的胚胎中取出专用神经细胞并用酶清洗分离后，将其放到富含营养物的培养基中，培养基被置于长宽均为8厘米、由60个电极组成的列阵上。

这种多电极列阵起到连接活组织和机器的作用，大脑发出电脉冲，驱动机器人的车轮运转，接收对这一环境作出反应的感应器发出的脉冲。因为大脑是活组织，它必须放在一个特制的温控装置里，通过蓝牙无线电同其"身体"进行沟通。

这种机器人不需要人或者电脑进行额外的控制。从一开始，神经元便紧张地忙碌着。瓦维克说："大约24小时，它们彼此伸出触毛，建立链接。一周之内，我们便可以看到一些自发放电以及类似大脑的活动，与普通老鼠或人类的大脑活动类似。"虽然没有额外的刺激，但这个大脑几个月内不会出现萎缩或者死亡。瓦维克解释说："现在，我们正寻找最理想的方式，教会它以确定的方式活动。"

从一定程度上说，"戈登"是自学成才的机器人。举个例子来说，撞墙的时候，它能够在传感器的帮助下获得电刺激。随着类似情况的不断增加，它会逐渐养成学习的习惯。为了帮助"戈登"完成这一过程，研究人员利用不同的化学物质增强或抑制在特殊活动中活跃的神经通路。

"戈登"实际上拥有多重性格，因为科学家可以为它植入几个多电极列阵

拓展阅读

蓝 牙

蓝牙是一种支持设备短距离通信（一般10米内）的无线电技术。它能在包括移动电话、PDA、无线耳机、笔记本电脑等众多设备之间进行无线信息交换。利用蓝牙技术，能够有效地简化移动通信终端设备之间的通信，也能够成功地简化设备与国际互联网之间的通信，从而使数据传输变得更加迅速高效，为无线通信拓宽道路。

大脑。瓦维克说："非常有趣的是，大脑之间也存在差异。这一个比较活跃，另一个则并不会做我们希望的事情。"

出于伦理和道德上的考虑，雷丁大学的研究人员或者其他的实验室不可能短期内在同样的实验中使用人类神经元。幸运的是，老鼠大脑并不是一个难当大任的"替身"。啮齿类动物和人类虽然在智力方面存在很大差异，但据该机器人主要设计师之一的沃里克教授推测，这种差异是由数量导致的，而不是质量。老鼠大脑由大约 100 万个神经元组成，这种特殊细胞通过被称为"神经传送体"的化学物质在大脑各部分之间传递信息。相比之下，人类大脑则拥有 1000 亿个神经元。

据报道，2010 年瑞士洛桑理工学院的电脑工程师马克拉姆教授在牛津科技大会中宣称，自己带领的研究小组将于 2018 年之前开发出第一个具有意识和智力的人造大脑，并将这个研究计划命名为"蓝脑计划"。

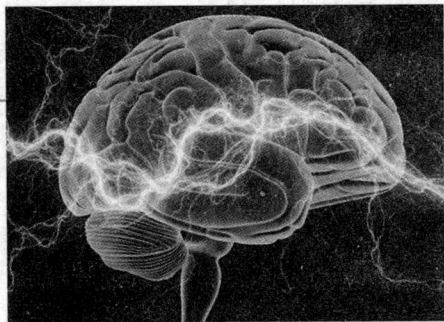

具有意识和智力的人造大脑

目前，马克拉姆正在日内瓦湖畔建造人造大脑，这位才华横溢的瑞士科学家的目标很明确，他将带领研究小组使用硅、金和铜等金属制成人造大脑。依据他的设计思路，如果能够在未来十年内成功地设计出人造大脑，那么装备人造大脑的机器人将被赋予全新的生命——它们可以思考，具有触觉和思维能力，甚至还能够像人类一样坠入爱河！如果这项研究得以成功实现，马克拉姆的"蓝脑计划"将成为科学史上的一大里程碑！

马克拉姆出生于南非，现持有以色列国籍。如果他成功，那么一个古老的科学幻想将濒临实现——在著名小说家玛丽·雪莱的早期作品《弗兰肯斯坦》中，一位科学家成功地让一个人造怪物具有人类的意识。十分巧合的是，当年玛丽·雪莱的创作地点距离马克拉姆的实验室仅有几千米之遥。同时这项研究的成功将使人类重新认识哲学、道德和伦理的定义，或许将迫使人们重新思考什么是真正的人类？

马克拉姆认为他创造的人造大脑会让解剖不再成为新鲜事物，甚至可以征服精神世界，直接地改善和提高人类的智力和能力。他的"蓝脑计划"是计划建造计算机版的大脑，最初先利用老鼠做实验，之后再应用于人体。马克拉姆希望赋予人造大脑全新的功能，能够像真实人类一样可以有丰富的表情，能够思考、推理、表达意愿、记忆事物，甚至能够表达出喜欢、生气、悲伤、痛苦和开心。他充满信心地说："我们的研究小组将在 2018 年之前完成这项设计，我们需要大量的钱，我目前已获得一批资金，目前世界上很少有科学家能够像我这样支配这么多的研究资金。"据悉，数千万欧元的资金进入他在瑞士洛桑理工学院脑智研究所的实验室，投资方包括瑞士政府、欧盟组织、IBM 等公司机构。人类大脑是宇宙中最复杂的物体，但是马克拉姆相信最新的计算机实验将很快挖掘这一宝藏。

当记者进入马克拉姆的实验室进行采访时，他们发现这并不是一个普通的科学项目，马克拉姆的实验室十分复杂，看上去就像科幻电影情节中"企业"号星舰飞船内摆放的物体。目前，摆在科学家眼前的严峻问题是：如何在计算机内建造人体大脑？而数十年以来科学家都试图建造电子大脑，却最终无法实现。为了更好地理解"蓝脑计划"的重要性，首先就是要弄清楚什么是有用的，什么是没有用的。

马克拉姆并不是在建造诸多科幻电影中的金属机器人奴仆，之前所谓的真正机器人或许能够行走和谈话，它们的"语言举止"与人类十分类似，但它们的智力却不及一台洗碗机。他在这项设计中不再考虑之前的机器人设计，认为那些只是"过时的玩具"而已，他希望建造一个"真实人类"，或者至少具备真人最复杂和最重要的一部分——思维能力。

在这项实验中，马克拉姆并不是试图复制人类的大脑，简单地实现下象棋、爬楼梯等，而是寻求像人体生物大脑一样的功能。人体大脑充满着神经细胞，它们彼此通过非常小的电脉冲进行"通信"。

　　"蓝脑计划"是使用非常复杂的解剖技术将人脑的神经细胞逐个分离，分析这些神经细胞的数十种连接方式，然后将这些连接方式输入计算机中。这样的设计结果就是大脑的蓝图，只不过是通过软件而不是通过血与肉来呈现。马克拉姆的设计构思是建造一个真实的人造大脑，并赋予其真实人类的思维举止。为了证实和演示这项技术是如何实现的，马克拉姆建造了一个机器模型，这个机器是一个直径61厘米的轮子状结构，12个非常微小的玻璃"辐条"朝向中心位置。他使用比人体头发还纤细的工具将老鼠大脑切成小薄片，然后将它们互相连接起来，绘制并转换成为计算机代码。

　　到目前为止，马克拉姆的超级计算机——IBM"蓝色基因"，能够收集使用真实大脑组织切片的信息，从而模拟1万个神经细胞的工作模式，这相当于一只老鼠的神经皮层束，神经皮层束被认为是大脑的一部分，负责控制意识思维能力。

　　马克拉姆称，完全复制人体的真实大脑是不可能的。即使在关键环节所创建的更有效的超级计算机——计算机化老鼠大脑，也无法实现。我们需要一台特殊定制的机器，用它当作人体的大脑。他强调称，计算机的计算能力正呈指数倍增加，因此研发适当的硬件仅是时间的问题，我相信在2020年之前将拥有足够高效能的计算机，可以处理各种数据信息，模拟人体大脑的活动。

机器人的发展

　　智能机器人是最复杂的机器人，也是人类最渴望能够早日制造出来的机器人朋友。然而要制造出一台智能机器人并不容易，仅仅是让机器人模拟人类的行走动作，科学家们就付出了很多年的努力。本章着重介绍了机器人从诞生直到发展完备阶段的历史。

人类早期对于机器人的探索

东汉时期（25—220），我国大科学家张衡，不仅发明了震惊世界的"候风地动仪"，还发明了测量路程用的"记里鼓车"，车上装有木人、鼓和钟，每走500米，击鼓1次，每走5千米击钟1次，奇妙无比。

在国外，也有一些国家较早地进行了机器人的探索。1662年，日本人竹田近江，利用钟表技术发明了能进行表演的自动机器玩偶；到了18世纪，日本人若井源大卫门和源信，对该玩偶进行了改进，制造出了端茶玩偶，该玩偶双手端着茶盘，当将茶杯放到茶盘上后，它就会走向客人将茶送上，客人取茶杯时，它会自动停止走动，待客人喝完茶将茶杯放回茶盘之后，它就会转回原来的地方，煞是可爱。

在18世纪所制造的自动玩偶中，最为杰出的当数瑞士的钟表匠杰克·道罗斯和他的儿子利·路易·道罗斯所制造的。1773年，他们相继制造出自动书写玩偶、自动弹奏玩偶等。这些玩偶有的拿着画笔和颜料绘画，有的拿着鹅毛笔蘸墨水写字。它们是利用齿轮和发条传动的原理制造而成的，这些玩偶身高约1米，结构巧妙，服饰华丽，当时在欧洲十分受欢迎。现在在瑞士努萨蒂尔历史博物馆保留着一个少女玩偶，制作于约200年前，是保留下来的最早的机器人，它的10个手指可以按动风琴的琴键，定时奏出动听的音乐。

在北京故宫博物院"珍宝馆"内，陈列着许多当年由外国向清朝皇帝进贡的精美绝伦、价值连城的珍品，其中有一些当属机器人之列。例如，有一个绅士打扮的玩偶，身高不足1米，一手拿着拐杖，另一手夹着香烟，脑袋和眼睛不时地转动，悠闲自在地把香烟放在嘴边，然后吐出缕缕烟圈，神气活现，十分有趣。还有一些玩偶会唱歌、跳舞，有的还会弹奏乐器。这些玩偶多是利用钟表的原理制成的。

知识小链接

北京故宫博物院

北京故宫博物院建立于 1925 年 10 月 10 日，是在明朝、清朝两代皇宫及其收藏的基础上建立起来的中国综合性博物馆，也是中国最大的古代文化艺术博物馆，其文物收藏主要来源于清代宫中旧藏。

上述各国在不同历史时期对机器人所作的探索，用现代人的眼光看，其结构和功能都比较简单，又不太实用，但它们是现代机器人的雏形，代表着人类的追求，体现了古代人的智慧和才能。

现代机器人的发展

人类走进 20 世纪后，随着科学技术的迅速发展，有更多的科学家投入到机器人的研究和开发工作中，从而进入了现代机器人时代。

美国是现代机器人的发源地。1927 年，美国西屋电气公司工程师温兹利制造了第一个电动机器人——电报箱，它装有无线电发报机，可以回答一些问题，但不会走动，并在纽约举办的世界博览会上展出，颇受关注。1934 年，该公司又推出能

拓展阅读

无线电技术的原理

无线电技术是通过无线电波传播信号的技术。在天文学上，无线电波被称为射电波，简称射电。无线电技术的原理在于导体中电流强弱的改变会产生无线电波。利用这一现象，通过调制可将信息加载于无线电波之上。当电波通过空间传播到达收信端，电波引起的电磁场变化又会在导体中产生电流。通过解调将信息从电流变化中提取出来，就达到了信息传递的目的。

说话的机器人"威利"，但仍不会走动。1951 年，美国麻省理工学院成功研制出第一台数控铣床，首先实现了机械与电子的结合，是机器人机电一体化技术的先驱。1954 年，美国人戴沃尔最先提出了工业机器人的概念，并申请了专利。该专利的关键技术是借助伺服技术控制机器人的关节，利用人手对机器人进行示教，于是机器人就能实现动作的记录和再现。这一技术思想至今仍被采用。

1959 年，美国人英格伯格和德沃尔合作——前者负责机械部分（机器人的手和脚）设计，后者负责电子控制部分设计，研制出了第一台工业机器人样机。1961 年，美国 Unimation 公司制造出用于模铸生产的工业机器人"尤尼梅特"（意思为"万能自动"），从而开创了现代机器人发展的新纪元。

当今世界处于信息时代，一种新技术或新产品一旦问世，就会很快引起全世界科学家的关注。1967 年，日本丰田和川崎公司分别引进美国的机器人技术，投入众多人力和巨额资金，进行技术的消化、仿制、改进和创新，到1980 年就取得了极大的成功和普及，所以日本把 1980 年称为"日本的机器人元年"。现在，日本生产和应用的机器人，在种类、数量以及技术水平等方面，已处于世界领先地位。

欧洲一些发达国家，包括英、法、意等，也都在大力发展机器人技术，并且都取得了极大的进展。

我国的机器人研究工作，起步于 20 世纪 70 年代，在国家的大力支持和关注下，经过近几十年的拼搏，紧跟世界机器人技术的发展，取得了一批举世瞩目的成果，如焊接、喷漆、装配、切割、搬运、包装码垛等工业机器人，都已先后研制成功，并用于实际生产。其他一些特种机器人，如服务机器人、娱乐机器人、医用机器人等智能机器人也都相继研制成功，有的已经投入使用。在 2002 年 5 月第五届中国北京国际产业博览会上，我国展出了 30 多种各类机器人，深受观众的欢迎，显示了我国在机器人技术领域的新水平。

由于机器人技术发展的迅速多变，对于机器人分代问题，至今各国学者意见尚不统一，但大多数认为现代机器人的发展，按其不同时期所具有的水平可分为三代。

　　第一代：可编程序的示教再现机器人，简称"再现机器人"。这种机器人采取在工作现场进行实时编程控制的方式，一旦重新编程后，机器人就会按照该程序依次重复（再现）动作。所谓"示教再现"，就是事前靠工人去"教导""指示"机器人如何去做。有两种方式：一种是靠操作者"手把手"或模拟的方式，称为"人工导引示教"；另一种是数控编程示教，即示教盒示教，就是操作者在现场手持示教盒（控制器），输入数值和语言信息来指示机器人的动作。

　　第二代：具有一定感觉功能和一定自适应能力的离线编程机器人，又称为简单智能组合式机器人。这类机器人依靠视觉、听觉、力觉和触觉等传感器，可以感受外界环境，通过控制系统使其作出相应的动作。计算机运行程序，是按照预定作业任务的非现场编制，所以叫作"离线编程示教"。当机器人作业时，若与编程的路径有误差，这时传感器探知的信息会立即反馈给控制系统，然后就可以自行修正，这就是说，这类机器人具有一定的自适应能力。

　　第三代：智能机器人，这类机器人是当今最新、最热门的研究课题，其中仿人形智能机器人（也称类人型）为最顶端的追求。这类机器人装有仿人的感知器官，是由多种性能先进且能互相"融合"的传感器构成，具有很强的自适应能力；具有逻辑思维能力，能进行推理、判断、自学、自理、自决等；具有识别对象、感知环境、随机应变等能力；可以进行复杂的体力劳动和代替人类部分脑力劳动。智能机器人的研究水平的高低，在一定程度上被认为是一个国家高科技实力和发展水平的重要标志。

知识小链接

逻辑思维能力

逻辑思维能力是指正确、合理思考的能力，即对事物进行观察、比较、分析、综合、抽象、概括、判断、推理的能力，也就是采用科学的逻辑方法，准确而有条理地表达自己思维过程的能力。

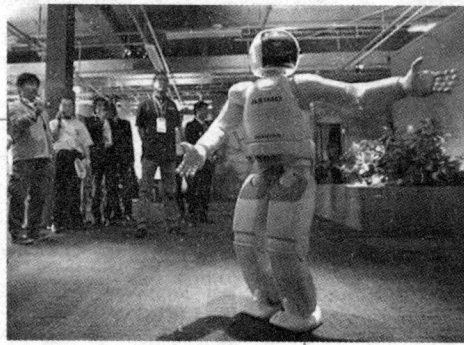

"阿西莫"

日本本田公司于1997年10月研制成功仿人形机器人"P3"，其身高160厘米，体重130千克，肩宽60厘米，体厚55厘米，它可以平稳地前、后、左、右行走，还可以上下台阶和在倾斜的坡上行走；具有一定的语言功能，可以与人进行对话。不久，本田公司又推出一种更新的智能机器人——"阿西莫"，身高120厘米，体重仅43千克，其动作比"P3"机器人更加轻柔和稳健，走路形态和方式更加接近人类。

中国在仿人形机器人研究方面，也取得了很大的进展。例如，中国的国防科学技术大学经过十年的努力，于2000年成功地研制出我国第一个仿人形机器人——"先行者"，其身高140厘米，重20千克。它有与人类类似的躯体、头部、眼睛、双臂和双足，可以步行，也有一定的语言功能。它每秒钟走一步到两步（慢了点），但步行质量较高：既可在平地上稳步向前，还可自如地转弯、上坡；既可以在已知的环境中步行，还可以在小偏差、不确定的环境中行走。

➡ 机器人的"进化"

◎ 机器人队列操练

一场特殊的队列操练正在忙中有序地进行着。6个完全相同的机械单元正在完成一个个组合分解动作。它们就像拥有自己的头脑一样，配合得十分默契，一边传递指令，一边思考如何以最佳的方案去完成事先输入的队形指令。这是些具有自我修复功能的组合机器人。6个机械单元最初排成一条直线，接通电源以后，它们马上聚散离合地在写字台上活动起来。每个机械单元底部的3只万向轮使它们动作非常自如，看上去它们就像一个刚学会爬的婴儿，东摇西晃、不紧不慢，但确实朝某一预定目标移动。两三分钟后，它们以正三角形完成了队列操练。腾挪补位如此准确是因为它们在执行同一指令："请排成正三角形。"这就相当于生物学中的遗传基因，每个机械单元上都载有同样的基因。

拓展阅读

基 因

基因是遗传的物质基础，是 DNA 或 RNA 分子上具有遗传信息的特定核苷酸序列的总称。基因通过复制把遗传信息传递给下一代，使后代出现与亲代相似的性状。人类有几万个基因，储存着生命孕育、生长、凋亡过程的全部信息，通过复制、表达、修复，完成生命繁衍、细胞分裂和蛋白质合成等重要生理过程。基因是生命的密码，记录和传递着遗传信息。

◎ 机器人的自我修复

人类的肌体受伤后用不了多久就会自行愈合，而壁虎的这种能力比人类更胜一筹，它们的尾巴断掉以后竟会自行再生到原来的长度。科幻影片《终结者》中的一个镜头给很多人留下了深刻的印象：机器人腹部被枪打穿了一个洞，但它那如流动金属一般的肌体很快就把洞填满，自己长好了。现在，科幻场景中的这种自我修复功能正走下银幕，开始进入现实生活。

组合机器人在队列操练中的腾挪补位就是自我修复的演示。前面 6 个机械单元有各自的"头脑"（微机）和 6 只"手"（磁铁）。凸头是电磁铁，叉形的是一对上下分开的永久磁铁。对凸头电磁铁部分的电流做方向切换就造成上下极性的相应变换，在

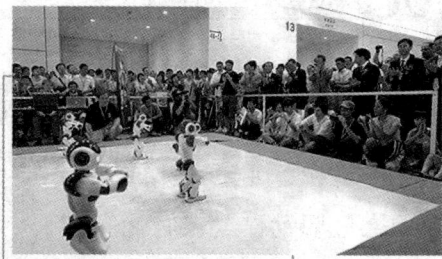

一种组合机器人

与极性不变的永久磁铁邻接时，两个机械单元时而被吸引，时而被排斥。利用这一变换过程就可以模拟出自我修复的效果。

各机械单元是按"单线联系"建立沟通渠道的，专业上称此为"邻域通信"。我们人类的大脑在发出"伸胳膊"这一指令时，神经细胞必须经过突触传递而且只传给相邻细胞。

当然，各机械单元均配备微机作为"大脑"来进行信息传递。这部"大脑"中还事先收存有组合机器人最终要排成什么队形的设计图，如前面所述那样它要起到遗传基因的作用，每个机械单元携带着同样的遗传基因，它们被编入了同样的程序，不管在哪里发生什么故障都可以随意替换。这些具有均质体性质的机械单元与生物细胞很相似，细胞只要处在同一机体上就携带同样的遗传基因，并遵照"密码"完成机体上某种器官组织的生长发育。因为所有机械单元都是均质体，也就是说相互间不存在领导与被领导的关系，而且只能进行"邻域通信"，达到目标状态之前若出现执行上的错误，纠正起

来颇费时间，影响效率。若具备了自我修复功能，这一过程就很容易完成。可是若设置一个"头目"，速度固然会提高，但是一旦这个"头目"损坏，就将导致整体瘫痪。

知识小链接

神经细胞

神经细胞是高等动物神经系统的结构单位和功能单位，又被称为神经元。神经系统中含有大量的神经元，据估计，人类中枢神经系统中约含1000亿个神经元，仅大脑皮层中就约有140亿。神经元呈三角形或多角形。虽然神经元形态与功能多种多样，但结构上大致都可分成胞体和突起两部分。突起又分树突和轴突两种。

目标形状已经输入后，就要决定如何向这一目标行动，我们称其为行动策略。在目标已完成的状态下，相邻机械单元的结合模式和当初自身所处模式的差异越大的机械单元，活动频度也就越高，差异为零则活动停止，这已形成为一条法则。

一个机械单元对所处现状不满足的程度越高，它的活动趋势越强，甚至左右碰壁、无序而不稳定地反复动作，但是目标所要求的结合模式正是完成于这一过程之中，最终达到满意时全部动作才告结束。

组合机器人遵照这一法则，从最初的直线状态经过自身地反复动作，排成了目标要求的正三角形，整个过程与其说是自我修复不如说是自我组装更确切。

◎机器人的自我"进化"

事先输入的目标指令、动作程序等如遗传基因一样赋予了组合机器人自我修复的功能。不久的将来，机器人还可以有更惊人的表演——与生物有同样的基因重组功能，在自我修复的基础上，进一步实现自我进化，靠自身力量不断提高智能水平。

1996 年，日本一家公司开发出了一种蜈蚣机器人，智能水平远远超出人们预料。它的出色表演让人清楚地看到生物进化在机器人身上的成功再现。这种蜈蚣形 6 腿机器人在行进中遇到障碍时会停下来"沉思"片刻，然后有所顿悟似的突然启动，绕过障碍继续行进。当它停下来陷入"沉思"时，实际上就处在完成"进化"的过程。决定蜈蚣机器人运动模式的是作为遗传基因输入在它的微机头脑中的 50 种控制程序。在试运行时，机器人身上的传感器会如实记录每种程序撞墙等故障的次数，并以此作为评分依据，从中选出 4 种最佳程序，再进行优化组合，培养"撞墙转向"能力。下次遇到爬坡一类的新的障碍时，它又会重新挑选，组合新的程序直至行动自如。

你知道吗

基因重组

基因重组是指控制不同性状的基因重新组合。基因重组能产生大量的变异类型，但只产生新的基因型，不产生新的基因。基因重组发生在有性生殖的减数第一次分裂过程中，即四分体时期，同源染色体的非姐妹染色单体交叉互换和减数第一次分裂后期非等位基因随着非同源染色体的自由组合而自由组合。基因重组是杂交育种的理论基础。

达尔文在著名的进化论中指出：自然淘汰、适者生存导致物种的进化。蜈蚣机器人的研制正是基于这一前提。同前面的组合机器人一样，预先输入的 50 个控制程序好比它体内的遗传基因，那么后面为了不断适应新环境而进行的基因重组就相当于生物的交配，新程序的产生就好比基因突变。要适应不断变化的环境，就必须不断重复"基因重组""基因突变"的过程。同时，自身也得以不断"进化"，运动能力不断提高。从这个意义上讲，科学家借助生物进化原理赋予了机器人生命和智慧。

所谓"基因突变"的过程在另一种机器人——"走迷宫老鼠"身上还有另一种体现。"碰壁"和"撞墙"是行进中的机器人常见障碍之一，如果这类障碍比比皆是，机器人就身陷迷宫这种特殊环境之中了。实际上，即使我们人类在面对迷宫时，有时也会一筹莫展。科学家们以人的大脑为模型，制成一种称为神经网络的学习软件，用来装备"走迷宫老鼠"。起初，"走迷宫老鼠"总是碰壁。经过持续学习，到了一定阶段就会茅塞顿开，聪明地绕开墙壁寻找出路。原来，这种学习软件中插入了它以前没有做过的动作，在不断学习的过程中，按照一定的概率软件自身会发生突变，更新程序，让"走迷宫老鼠"做出令人耳目一新的动作。

从"自我修复"到"自我进化"，机器人在发展进程中越来越多地引入了生物学原理，将来或许会由此产生一门新的学科（生物机械电子学），而机器人的最终目标——人形机器人届时也将步入人类的社会生活。但是在机械上模拟生物进化涉及的各种物质及相关因素十分复杂，按目前的科学水平完全模拟为时尚早。但就生物学因此面对的冲击而言，其深远意义仍不可低估。

✪ 机器人的未来

从1961年世界上第一台实用型机器人"尤尼梅特"在美国诞生以来，已有50余年，机器人研究也取得了日新月异的进展，新型号纷纷问世，生产产业化，产量激增。目前，市场需求旺盛，许多国家都在加大投入，加快研究和开发，前景光明，深受人们的重视和欢迎。究其原因，概括起来主要有以下3条：

（1）机器人的用途越来越广，它可以在许多领域代替人力工作。

（2）机器人的性能越来越好，并且逐步走向智能化。

（3）机器人的价格越来越便宜，同时，利用机器人代替人力，还可降低开支。

由此可以断言，机器人的发展将会继续下去，可能比人们想象得还要快。但是，未来的机器人发展前景究竟如何，请听一听机器人专家们的预测和分析。

德国生产技术与自动化研究所（IPA）的施拉夫特博士对未来机器人发表了如下看法：机器人技术的成长将会继续下去，可能会比过去发展得更快。我们将会在我们想要机器人的地方看到机器人，不仅在工业领域，而且还将会在我们日常生活中。我们将要学习与机器人生活在一起，把它看作是我们生活的一部分。在我们已知的所有应用领域中，都将会有机器人，我们将从它们的工作之中得到好处。我们相信，在我们家里和日常生活中使用个人机器人，用不着再等 40 年了。

对于军用机器人的发展，美国机器人有限公司的罗伯特·芬克尔斯坦说："军用机器人的应用，有可能改变战争的性质。例如在地面作战中，有可能出现机器人部队，它们的形体比较小、隐蔽性好，有利于在战场上实施监视、侦察、收集情报；可以代替士兵驾驶坦克、操纵火炮、携带爆炸物攻击目标。这种机器人战士，将会很快走上战场，执行各种军事任务。"

仿人形机器人是当前智能机器人研究领域中最前沿的研究课题之一。有的人工智能专家对未来机器人发展的预言，更加直截了当、言简意赅：21 世纪将是机器人的世纪。在 21 世纪中，智能机器人将垄断所有的职业，从而为人类开创第一个"不劳而获"的全自动社会。在那种社会里，智能机器人具有三种身份——智能机器、智能机器人公民和智能机器人企业家。到那时，你应当把它看成人类的伙伴，与之和谐相处，而不要把它看作是你的奴仆。

但是，对机器人的发展问题，也有另一种声音。有些机器人学者，尤其是一些计算机科学家指出：随着机器人技术的迅速发展，人类制造的这些"新新人类"，会不会威胁人类自身的安全？这种超级机器人的出现，最终将会导致在地球上出现"机器人物种"，会不会对包括人类在内的地球生物形成可怕的威胁？事实上，这种持怀疑和反对态度的科学家只是少数，多数科学家持肯定和赞成的态度。

历史经验表明，许多重大的发明创造，对人类都具有利和弊的两面。首先是有利的方面，否则人们不会花力气去研究和创造它，而在发展过程中，也往往暴露出对人类有害的问题。例如飞机的发明，给人类带来了多么大的好处：它使两地距离缩短了，也使地球相对地变小了。但是，

你知道吗

噪声对人的影响

噪声具有局部性、暂时性和多发性的特点。噪声不仅会影响人的听力，而且还会对人的心血管系统、神经系统、内分泌系统产生不利影响，所以有人称噪声为"致人死亡的慢性毒药"。

飞机噪声扰民、飞行事故时有发生，这是它的不利方面。即便如此，航空事业仍然在不断发展，只要利大于弊。同时，人类既然能创造它，就可以不断改造它、完善它，或采取其他有力措施，以达到兴利除弊，甚至化弊为利的目的。正如诺贝尔的一句名言："人类从新发现中得到的好处总要比坏处多。"

至于有人提出，采用机器人会造成更多的工人下岗、失业，对此问题作如下说明：历史经验证明，当某种新技术装备应用于生产领域，的确会造成在同样生产规模下生产人员过多，需要裁员，但同时可以看到，一个新的产业的诞生和扩大，需要一大批工人就业，这叫作社会性的职业转移。最明显的事例是农业机械化造成原来作为农民的劳动力过剩，但他们逐步转移到城市，从事工业、建筑业、商业等活动。同样，随着机器人的发展和普及，必将促使一个新产业——机器人制造业以及相关领域的大发展，从而为人们提供新的就业机会。

人类社会发展水平的高低，人的平均工作时间的长短，也是机器人发展的一个重要标志。在经济落后、生产技术水平低下的时代，人们往往是每天劳作十几个小时，随着生产技术水平的提高和经济的发展，人们实行了每周6天、每天8小时的工作制，进而实行每周5天、每天6~7小时，甚至更短时间的工作制。剩余时间，人们可以积极而愉快地进行学习和休息，这也是人类追求的目标。采用机器人代替人类进行各种工作，是使人类实现"有效工

作、愉快生活"目标的一个卓有成效的措施和手段。

1999 年 10 月 26 日—29 日，在日本东京举办了国际机器人展览会，该展览会的主题思想是"人与机器人共存，知识与技术共融"，这实际上给机器人发展指出了方向。所谓"人与机器人共存"，就是随着机器人技术日益提高，机器人必将走向智能化、实用化和普及化，是人类不可或缺的亲密伙伴和助手，与人类相互依存，共存于这个世界上。所谓"知识与技术共融"，是指在学术观点方面，机器人发展必须遵循科学与技术相互融合、相互渗透、相互促进的原则。

机器人本体结构与制造技术

机器人本体要采用新结构，尽量把机器人的各个系统融于一体，使本身重量减小，变得更加轻巧，提高机器人的性能重量（或体积）比。有关专家认为：机器人的小型化、轻巧化、行动敏捷化、对声音和视觉感测度的敏感化，是工程用或工业用的大型机器人演进到家庭用机器人过程中技术上必须克服的难关。为此，必须开发和采用新型材料，优化结构设计，开发和利用高性能的驱动器、传感器等部件。

知识小链接

电动机

电动机是运用电磁感应原理运行的旋转电磁机械，用于实现电能向机械能的转换，运行时从电系统吸收电功率，向机械系统输出机械功率。

现在机器人的设计、加工、装配等工作，仍然主要靠人工进行。但是，据 2001 年英国《自然》杂志报道，美国科学家已经将生物进化论的自然选择原则，用于机器人自行"生产"上，成功地研制出能制造机器人的"超智能机器人"。科学家通过计算机仿真，使机器人设计模型经历数十代、数百代"优胜劣汰"的"进化"，最后由计算机选择出几种最优的模型，然后控制自动生产设备，按模型加工出机器人。这时，只要研究人员给机器人装上电动机，就可成为形态、运动方式各不相同的机器人。这是机器人制造技术上的一大突破，将使未来机器人可自行进行"繁殖"，并不断"进化"成更高级的机器人。

另据报道，美国宾夕法尼亚大学人类学家哈杰斯教授，正在研究一种具有七情六欲的机器人，可以与生物人"结婚""生育"，其核心技术是它具有一个人造子宫，能够代替女性受孕和分娩。这种机器人问世后将给不能生育或不愿意自己怀孕生育的女性带来福音。

知识小链接

宾夕法尼亚大学

宾夕法尼亚大学，位于宾夕法尼亚州的费城，是美国一所著名的私立研究型大学，八所常青藤盟校之一。该校创建于 1740 年，是美国第四古老的高等教育机构，以及美国第一所现代意义上的大学。美国《独立宣言》的 9 位签字者和美国宪法的 11 位签字者与该校有关。本杰明·富兰克林是该校的创建人。

➡ 机器人的新材料

人的运动系统是由骨、骨连接和肌肉组成的。人体的一切运动，都是肌肉的收缩和舒张的结果，肌肉对人的活动，具有极强的控制能力。

然而，至今已经应用的机器人，其运动机理与人类完全不同，它们在其构件的外面，一般没有像人的肌肉和皮肤一类的组织，即使有外包装，也仅仅起保护或装饰的作用。要使机器人真正实现智能化、类人化，必须研制和采取类似人类骨骼和肌肉那样的新材料。

据报道，目前有两类新型材料已经研发出来，并处于初步试用之中。一种是功能材料，另一种是"四肢肌肉"（又称人造肌肉）。

所谓功能材料，就是通过改变材料的组织成分、内部结构、不同的添加剂以及制造工艺，使之具有某种特殊机能的高分子材料和新型合金。例如，具有记忆功能的记忆合金。功能材料在未来机器人中，作为结构材料，特别是用作传感器的材料，会有很好的应用前景。

所谓"四肢肌肉"，是由一条结实的塑料网和套在里面的橡胶管组成。其工作原理是当管内充入低压压缩空气时，"四肢肌肉"就会像人类的肌肉那样进行收缩。这种"四肢肌肉"体积小、重量轻、收缩力大、构造简单、使用方便、柔顺、灵活、安全、易于控制，用这种材料制造机器人，可使之具有一些人类的外形特点。

日本东京大学的一个研究小组，花了 15 年的时间，研制成一张具有喜、悲、恨、恶、怒、惊 6 种表情的机器人面孔。这张仿人面孔，是用硅橡胶作面皮，下面有 18 个活动部件，可以使眉毛、鼻子、眼睛、嘴巴等在计算机的协调指挥下，做相应的动作，十分逼真。

拓展阅读

记忆合金在航天技术中的应用

1969 年 7 月，"阿波罗 11 号"号登月舱在月球着陆，实现了人类登月的梦想。宇航员登月后，在月球上放置了一个半球形的直径数米长的天线，用以向地球发送和接收信息。天线就是用当时刚刚发明不久的记忆合金制成的。用极薄的记忆合金材料先在正常情况下按预定要求做好，然后降低温度把它压成一团，装进登月舱带上天去。放到月面上以后，在阳光照射下温度升高，当达到转变温度时，天线又"记"起了自己的本来面貌，变成一个巨大的半球形。

东京大学

东京大学，是日本国立大学，起源于江户时代由德川幕府设立的开成所（蕃书调所）和医学所。东京大学为日本第一所依照现代学制成立的大学，是日本及世界中有名的顶尖院校，每年都有许多学子竞争进入东京大学就读。

机器人双足行走技术

直立双足行走，是人类与其他动物的重大区别之一，在手臂和腰身的配合下，人类在不同的环境会采取适当的姿势，灵活地移动双脚行进，或者完成某种工作。因为双足行走属于非连续式接触地面性质，所以对超越障碍、转弯、保护地面等都具有优越性。再者，人类行走速度可以灵活控制，如一般慢走速度为 2～3 千米/小时，快走速度为 5 千米/小时左右，而快跑（如百米赛跑）速度甚至可达 36 千米/小时左右。

目前，一些国家所成功研制的类人型机器人，已经具有双足行走功能，也可以上下台阶或转弯。主要问题是步速过低，灵活性差，还远远不及人类。双足行走技术的关键，主要是机器人的平衡技术、机械与电子优化结构等问题。只有这些问题解决了，才可能使机器人拥有类似人类的步态、步速和灵活性，才会使人类对它更加喜爱。

双足行走机器人

机器人的语言功能

语言是人类与其他动物又一重大区别之一。世界各国、各地区的语言数量众多，为了能实现不同语言的人之间的交流，就必须学习对方的语言，或者通过翻译。

目前，有些国家研制的具有语言功能的机器人，已经拥有初步的语音识别和问答能力，但是比较"幼稚"，语言词汇少、语音单调、语音识别能力差，连续语音的合成尚处于实验研究阶段。

未来机器人的语言功能，应该达到如下目标：

（1）具有很强的语言识别、语言查询、网上聊天能力，攻克连续语言、大量词汇和非特定语言识别等难点，以使机器人在非特定环境下快速准确、悦耳动听地与人类进行语言交流。

（2）实现机器人充当翻译，这种机器人要具有多种语种、小体积、重量轻、携带方便等优点。

21 世纪已经来临，我们有充分的理由相信，在上个世纪伟大成就的基础上，21 世纪将是科技发展更加辉煌的世纪，人类社会的物质文明和精神文明，将会更加丰富多彩，其中，人类的"新异族"、好伙伴——机器人，将扮演极其重要的角色。

知识小链接

语音识别

语音识别是一门交叉学科。近几十年来，语音识别技术取得显著进步，开始从实验室走向市场。人们预计，未来语音识别技术将进入家电、通信、汽车电子、医疗、家庭服务、消费电子产品等各个领域。语音识别技术所涉及的领域包括：信号处理、模式识别、概率论和信息论、发声机理和听觉机理、人工智能等。

机器人的本领

　　随着社会的不断发展，各行各业的分工越来越明细，尤其是在现代化的大企业中，很多人在岗位上日复一日地做着单调乏味的工作，人们强烈希望用某种机器来代替自己工作，于是研制出了机器人。所以，具备各种本领，以便更好地代替人们去完成那些单调、枯燥或是危险的工作，就是机器人存在的意义之所在。

与人脑媲美的机器人脑

瑞士洛桑理工学院参与人造哺乳动物大脑项目"蓝脑计划"的科学家们表示，随着各种难题不断被攻克，世界上首个人造电子大脑将在 10 年内问世。虽然之前也曾有科研小组宣称制造出人造大脑，但与"蓝脑"相比只能算是简单的机械电子装置。

拓展阅读

史蒂文·斯皮尔伯格

史蒂文·斯皮尔伯格，生于美国俄亥俄州的辛辛那提市，犹太人血统，美国著名的电影导演、编剧和电影制作人。史蒂文·斯皮尔伯格曾经两次荣获奥斯卡奖，并且是有史以来电影总票房最高的导演（数据截至 2009 年）。

作为现代脑科学、计算机科学交叉的研究前沿，人工智能技术一直是人们眼中未来世界的代表，众多科幻电影不断描绘充满人工智能技术的未来：2001 年，史蒂文·斯皮尔伯格执导的《人工智能》中，出现了可以和人类谈恋爱的"情人"机器人；2004 年，威尔·史密斯主演的《机械公敌》中，叛逆的机器人甚至要控制世界……机器人可能变得这么聪明吗？答案是肯定的，只要它们拥有堪与人脑媲美的机械脑。

"蓝脑计划"2005 年由瑞士洛桑理工学院大脑与心智研究所发起，最初的目的是研究大脑的构造和功能原理。几年后该项目影响扩大，来自西班牙"马德里超级计算与可视化中心"及英国、美国、以色列等国的脑科学专家也开始参与这一研究。2006 年底，研究小组宣布"蓝脑计划"的第一阶段目标——皮质柱（大脑皮层中的柱状结构）的模拟顺利完成。在此鼓舞下，科学家们决定向"整体脑部模拟"进军，即根据实验数据与仿真计算，逆向打造哺乳动物的大脑。

人脑如同一台超级生物计算机，可以储存亿万个信息，这些信息不断变换、更新，进而使我们接受新的知识。与普通计算机相比，人脑信息储存量惊人，它对庞杂输入信息的灵敏反应，以及通过输出信息对各种生化反应的精确调控令人叹为观止。简单地说，研究人员的任务就是利用人脑这台"生物计算机"运行时生物体产生的各种反应，如生物电流、信号传输、细胞运动、血液流动等，反演出其构造，从而在实验室中制造出人造大脑。

"蓝脑计划"

知识小链接

血　液

　　血液是流动在心脏和血管内的不透明红色液体，主要成分为血浆、血细胞。血液属于结缔组织，即生命系统中的结构层次。血液中含有各种营养成分，如无机盐、氧、细胞代谢产物、激素、酶和抗体等，有调节器官活动、防御有害物质等作用。

"蓝脑"研究小组创建了一个模拟近一万个脑神经细胞的三维模型，模仿老鼠大脑皮层的活动。"蓝脑计划"项目主任、瑞士洛桑理工学院大脑与心智研究所所长马克拉姆举例说："要完成对一个神经元的所有模拟运算，你需要一台笔记本电脑。而完成一个老鼠脑模型的模拟，需要 1 万台笔记本电脑。"当然，"蓝脑"研究小组用的不是笔记本电脑，而是 IBM "蓝色基因"超级计算机。

机器人给人类带来的好处

目前，一方面人类在人口繁衍问题上，基本达到了随心所欲的程度，可以做到计划生育、优生优育、人工繁殖等。而另一方面，世界各国又都存在着失业和就业难的问题。在这种形势下，人类为什么还要大力发展机器人呢？这是不是人类自找麻烦和制造"掘墓人"呢？要回答这个问题，就要具体分析一下机器人具有什么样的本领，它给人类带来了哪些好处。

◎机器人的真实本领

第一，机器人具有快速准确、不知疲劳和连续作战的本领。20世纪下半叶，世界上的主要工业国，如美国、日本及欧洲一些国家，其制造业进入高度自动化生产，其特点是生产装备比较先进、复杂，自动化程度高，生产流程连续化，节奏快、分工细。要求工人在生产线上精神要高度集中，操作反应要迅速，这种紧张而又单调、重复性的工作，劳动强度很大。在这种劳动条件下，工人难以适应，很容易产生过度疲劳，出现生产效率降低和产品质量问题。例如电子装配任务，其工作面很小，所用的管脚、元器件、线头、插头等密密麻麻，靠工人插装、焊接十分困难。采用机器人代替工人操作，既快又好，既稳定了产品质量，又大大提高了生产效率，从而增强了该产品的竞争力。

知识小链接

生产线

生产线是产品生产过程中所经过的路线，即从原料进入生产现场开始，经过加工、运送、装配、检验等一系列生产活动所构成的路线。狭义的生产线是按对象原则组织起来的，完成产品工艺过程的一种生产组织形式，即按产品专业化原则，配备生产某种产品（零部件）所需要的各种设备和各工种的工人，负责完成某种产品（零部件）的全部制造工作，对相同的劳动对象进行不同工艺的加工。

第二，号称"钢领工人"的机器人，具有"一不怕苦、二不怕死"的品质，用它代替工人从事有害、有毒、高温、易燃、易爆等危险作业，解脱了有害物质与环境对人的危害。例如，喷漆工艺在机械、电子、车辆等产品中，是不可缺少的一道工序。它要求工人在封闭的喷漆室内进行，工人穿着防护衣帽，手持笨重的喷漆工具，室内漆雾迷漫，室温很高。在这种恶劣的环境下工作，许多工人得了二甲苯中毒症，从而损害了健康。改用机器人喷漆，既使工人摆脱了毒害，又提高了产品的质量和生产效率。

第三，我们人类的智慧是无限的，但是人类每一个个体的体能和寿命是有限的。在人类进行科学研究中，有些空间领域或者环境，人类不宜或者根本无法进入现场。例如，火山、地震发生时的实时检测与救护；核试验现场的检测和取样；深海海底的测量、救援与打捞；人体内部的检查与疾病治疗；人不宜进入的实验室（超高温、超低温、超净室等）；宇宙空间探险等。这些空间领域或环境，都超出了人类的体能或寿命的限度。机器人具有刀山敢上、火海敢闯、可上九天揽月、可下五洋捉鳖的本领。它们的形体，根据任务的不同，可制成庞然大物，也可以小如昆虫、细菌。它们在工作时，只要有必要的能源（如电能），不需吃、喝、排泄条件，也不要睡眠休息。例如宇宙机器人，可以经若干年或更长的时间到达预定的目标，这样的能力，我们人类是不具备的，而机器人可以代替人类完成任务。

有的学者将使用机器人的好处归纳为以下两个方面，即提高了社会效益和经济效益。

◎ 社会效益方面

（1）改善了工作人员的劳动环境，使工人安全性提高了，劳动强度降低了。

（2）在科学研究和生产领域中，机器人可代替人类做人类难以完成的工作。

（3）机器人在无故障的情况下，绝对会忠于职守、无私奉献，不会招惹是非。

◎ 经济效益方面

（1）可以提高生产效率数倍到数十倍。

（2）可以提高产品质量。

（3）可以减少工作场地。

（4）可以降低成本，包括降低劳动成本、节能和节省原材料。

（5）可以简化管理，降低库存。

（6）能做到产品批量可大可小，品种多样化，转产周期短。

（7）不需要衣、食、住、行条件，省去吃、喝、排泄的麻烦。

➤ 仿人形机器人

◎ 什么是仿人形机器人

2000 年 11 月 29 日，中央电视台《新闻联播》报道：我国首台仿人形机器人研制成功。11 月 30 日，全国各大报纸都在显著位置发表了这一消息。许多人问：何为仿人形机器人？仿人形机器人的问世标志了什么？世界及中国仿人形机器人发展到了什么水平？

现实中，大多数的机器人并不像人，有的甚至没有一点人的模样，这一点使很多机器人爱好者大失所望，很多人问为什么科学家不研制像人一样的机器人呢？其实，科学家和爱好者的心情是一样的，一直致力于研制出有人类外观特征、可模拟人类行走与其他基本操作功能的机器人。

由于仿人形机器人集机电、材料、计算机、传感器、控制技术等多门学科于一体，是一个国家高科技实力和发展水平的重要标志，因此，世界发达国家都不惜投入巨资进行开发研究。日、美、英等国都在研制仿人形机器人方面做了大量的工作，并已取得突破性的进展。日本本田公司于1997年10月推出了仿人形机器人"P3"，美国麻省理工学院研制出了仿人形机器人"科戈"（COG），德国和澳大利亚共同研制出了装有52个汽缸，身高2米、体重150千克的大型机器人。本田公司最新开发的新型机器人"阿西莫"，身高120厘米，体重43千克，它的走路方式更加接近人。我国也在这方面做了很多工作，国防科技大学、哈尔滨工业大学研制出了双足步行机器人，北京航空航天大学、北京科技大学研制出了多指灵巧手等。

◎ 日本的仿人形机器人

本田公司是日本主要生产跑车和轿车的公司之一。本田公司投入巨资，经过十多年的开发，终于研制出了在世界上居于领先地位的双足步行机器人——"P3"。"P3"通过它的身体的重力感应器和脚底的触觉传感器把地面的状况送回电脑，电脑则根据路面情况作出判断，进而平衡身体，稳定地前后左右行走。它不仅能走平路，还可以走台阶和倾斜的路。它站立稳定，推不倒，脚底不平也能保持身体的直立姿态。

本田公司之后又推出了一种新型智能机器人"阿西莫"。与

广角镜

日本本田汽车创始人——本田宗一郎

本田宗一郎（1906—1991），出生于日本静冈县，是日本本田技研工业株式会社创始人。本田宗一郎与索尼公司的井深大作为日本战后技术型企业家而享誉全球。本田宗一郎是继亨利·福特后，世界上第二个荣获美国机械工程师学会颁发的荷利奖章的汽车工程师。作为本田的创始人，本田宗一郎以过人的胆识和科研精神，把本田从一个摩托车修理厂发展为世界头号摩托车公司和汽车生产企业。

1997 年诞生的 "P3" 相比，它具有体型小、质量轻、动作轻柔的特点。"阿西莫"身高 120 厘米，体重 43 千克，更适合于家庭操作和自然行走。本田公司总裁吉野浩行在产品发布会上说："将来我们还会使机器人具有更好的视觉、听觉等识别能力，提高它们的自主性。"

◎ "科戈" 机器人

机器人 "科戈"

出生于澳大利亚的罗德尼·布鲁克斯，是美国麻省理工学院（MIT）人工智能实验室的教授。他喜欢离经叛道，从不相信传统的成规。从 20 世纪 80 年代起，他就反对机器人必须先会思考，才能做事的信条。为了证实自己的观点，他研制出了一系列的机器人。这些机器人没有思考能力，但却无所不能，比如能偷桌上的苏打罐，能穿越四周发烫的地面等。他的成功使他成为机器人界最具争议的人物。

知识小链接

麻省理工学院

麻省理工学院（MIT）是美国一所综合性私立大学，位于马萨诸塞州的波士顿，查尔斯河将其与波士顿的后湾区隔开。MIT 无论是在美国还是在全世界都有非常重要的影响力，培养了众多对世界产生重大影响的人士，是全球高科技和高等研究的领军者。麻省理工学院的自然及工程科学在世界上享有极佳的声誉，其管理学、经济学、哲学、政治学、语言学也同样优秀。

　　罗德尼·布鲁克斯认为，智能并不像假想的那样来自抽象思维，而是通过与外界接触学习之后作出的反应。只要机器人与其周围的环境进行复杂的相互作用，智能最终一定会出现。

　　最初他的计划是先从昆虫机器人做起，逐步向模仿高级动物发展，最后才是人形机器人。罗德尼·布鲁克斯想，只有人形机器人才能说明他的理论也适合于高级智能，于是他决定要制造出自己的人工智能型高级机器人，即现在的"科戈"机器人。

　　"科戈"本身是非常复杂的，要使它能通过与外界的联系获取知识，就必须尽可能地模仿人类，例如它的臂必须像人类那样具有柔顺性。

　　怎样才能把"科戈"变成一个真正的人形机器人，目前实现的目标尚不太明确。罗德尼·布鲁克斯和他的同事们正在借鉴幼儿的发育过程，使"科戈"由简到难，逐步学会各种本领，直到听说能力。

　　"科戈"机器人的大脑是由 16 个摩托罗拉 68332 芯片构成的，"科戈"的大脑放在与之相邻的室内，通过电缆与之相连。"科戈"最多可用 250 个摩托罗拉芯片。罗德尼·布鲁克斯准备用数字信号处理器取代部分这种芯片，用以完成特殊任务。"科戈"的大脑与人类的大脑一样，能同时处理多项任务。尽管计算机的能力给人们留下了深刻的印象，但是如果"科戈"能达到两岁儿童的智力水平，就算是成功了。现在"科戈"正在像婴儿一样利用自己的大脑学习看。"科戈"的每只眼睛由一台广角照相机和一台窄视野照相机组成，每一台照相机均可以俯仰和旋转。"科戈"首先通过广角照相机观察周围事物，然后再利用窄视野照相机近距离仔细观察事物。"科戈"的头可以像人的头一样前后左右转动。

　　罗德尼·布鲁克斯说："我们试图找到一种方法，让'科戈'自己了解这个世界。"

　　"科戈"先学会看以后，开始学习听。这些功能要一个一个地教。为此，"科戈"的头上被装上了麦克风和处理器。在声音的帮助下，"科戈"可以确定去看什么地方，它还可以对声音进行辨别。"科戈"已经有了头和身子，但还没有皮肤、臂和手指。现在正在为"科戈"制造第一条手臂，这只手臂以全新的方式工作，每个关节都有一个弹簧，从而使"科戈"的臂获得了柔顺性。

知识小链接

摩托罗拉

摩托罗拉公司，原名加尔文制造公司，成立于1928年，1947年改名为摩托罗拉。摩托罗拉总部设在美国伊利诺伊州绍姆堡，它是全球芯片制造、电子通信的领导者。2011年8月15日，谷歌公司宣布与摩托罗拉移动签署最终协议收购后者，总价约125亿美元。2012年2月14日，谷歌收购摩托罗拉移动获欧盟和美国批准。

◎ 我国的仿人形机器人研究

我国在仿人形机器人方面做了大量研究，并取得了很多成果。比如国防科技大学研制成了双足步行机器人，北京航空航天大学研制成了多指灵巧手，哈尔滨工业大学、北京科技大学也在这方面做了大量深入的工作。

双足步行机器人研究是一个很诱人的研究课题，而且难度很大。在日本开展双足步行机器人研究已有四十多年的历史，研制出了许多可以静态、动态稳定行走的双足步行机器人，上面提到的"P3""阿西莫"是其中的佼佼者。

在国家"863计划"、国家自然科学基金和湖南省的支持下，国防科技大学于1988年2月研制成功了六关节平面运动型双足步行机器人，随后于1990年又先后研制成功了十关节、十二关节的空间运动型机器人系统，并实现了平地前进、后退，左右侧行，左右转弯，上下台阶，上下斜坡和跨越障碍等人类所具备的基本行走功能。近期在十二关节的空间运动机构上，这种机器人实现了每秒钟两步的前进及左右动态行走功能。

知识小链接

哈尔滨工业大学

哈尔滨工业大学（简称哈工大），是隶属于工业和信息化部的全国重点大学，创建于1920年。20世纪50年代，哈工大是中国政府确定的学习前苏联先进教育制度的两所院校之一。1954年，哈工大进入国家首批重点建设的6所高校行列；1984年，再次被确定为国家重点建设的15所大学之一；1996年，成为首批进入国家"211工程"重点建设的院校；1999年，被确定为国家"985工程"重点建设的9所大学之一。此外，哈工大还是"九校联盟"（简称C9）之一。

经过十年攻关，国防科技大学研制成功了我国第一台仿人形机器人——"先行者"，实现了机器人技术的重大突破。"先行者"有像人一样的身躯、头颅、眼睛、双臂和双足，有一定的语言功能，可以动态行走。

人类与动物相比，除了拥有理性的思维能力、准确的语言表达能力外，拥有一双灵巧的手也是人类的骄傲。正因如此，让机器人也拥有一双灵巧的手成了许多科研人员的目标。

在张启先院士的主持下，北京航空航天大学机器人研究所于20世纪80年代末开始灵巧手的研究与开发，

多指灵巧手

最初研究出来的 BH－1 型灵巧手功能相对简单，但填补了当时国内在该领域的空白。在随后的几年中又经过不断改进，现在的灵巧手已能灵巧地抓持和

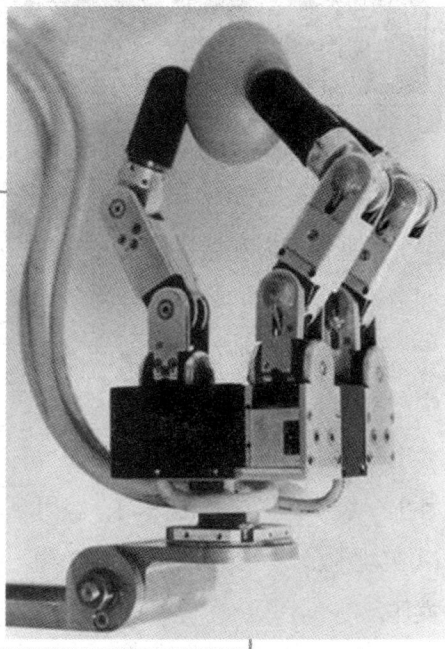

操作不同材质、不同形状的物体。它配在机器人手臂上充当灵巧末端的执行器可扩大机器人的作业范围，完成复杂的装配、搬运等操作。比如它可以用来抓取鸡蛋，既不会使鸡蛋掉下，也不会捏碎鸡蛋。灵巧手在航空航天、医疗护理等方面有广泛的应用前景。

灵巧手有 3 个手指，每个手指有 3 个关节，3 个手指共 9 个自由度，微电机放在灵巧手的内部，各关节装有关节角度传感器，指端配有三维力传感器，采用两级分布式计算机实时控制系统。

进入 21 世纪，我国机器人技术又不断取得了一些新的发展。

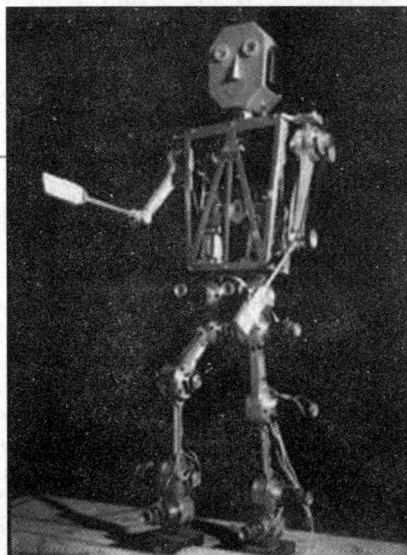

"先行者"仿人形机器人

微型机器人和微操作系统是在细微空间或狭窄空间中进行精密操作、检测或作业的机器人系统。其中微型机器人一般在三维或两维尺寸上是微小的。而微操作系统在尺寸上一般不在微小范围之内，但可以实现微米、亚微米的定位和操作。

微型机器人在狭窄空间检测、军用侦察、医疗等领域有广泛的用途；微操作系统在生命科学、精密组装和封装等方面有广泛前景。

火力发电厂、核电厂、化工

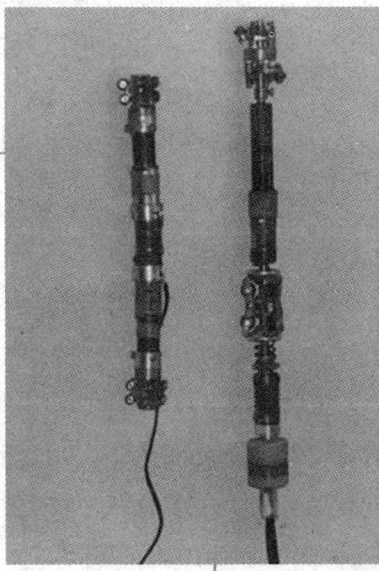

细小工业管道机器人移动探测器集成系统

厂、民用建筑等会用到各种各样的微小管道，其安全使用需要定期检修。但由于窄小空间的限制，维修存在一定难度。仅以核电站为例，其中内径约20毫米的管道有许多根，停堆检查时工人劳动条件十分恶劣，因此微小管道内机器人化自动检查技术的研究与应用十分必要。

"细小工业管道机器人移动探测器集成系统"由上海大学研制，包含20毫米内径的垂直排列工业管道中的机器人机构和控制技术（包括螺旋轮移动机构、行星轮移动机构和压电片驱动移动机构等）、机器人管内位置检测技术、涡流检测和视频检测应用技术，在此基础上构成管内自动探测机器人系统。该系统可实现20毫米管道内裂纹和缺陷的移动探测。

无损伤医用微型机器人主要应用于人体内腔的疾病医疗。它可以大大减轻或消除目前临床上广泛使用的各类内窥镜、内注射器、内送药装置等医疗器械给患者带来的严重不适及痛苦。

由浙江大学研制的无损伤医用微型机器人具有三大特点：一是此种微型机器人能以悬浮方式进入人体内腔（如肠道、食道等），这样可避免对人体内腔有机组织造成损伤，从而可大大减轻或消除患者的不适与痛苦；二是此种微型机器人的运行速度快，而且速度控制方便，这样可缩短手术时间；三是此种微型机器人的结构简单，加工制造方便。目前，此种微型机器人样机已接近实用化程度。

拓展阅读

医疗器械

医疗器械，是指单独或者组合使用于人体的仪器、设备、器具、材料或者其他物品，包括所需要的软件。它对于人体体表及体内的作用不是用药理学、免疫学或者代谢的手段获得，但是可能有这些手段参与并起一定的辅助作用。它的使用旨在达到下列预期目的：对疾病的预防、诊断、治疗、监护、缓解；对损伤或者残疾的诊断、治疗、监护、缓解、补偿；对解剖或者生理过程的研究、替代、调节；妊娠控制。

仿人形机器人是多门基础学科、多项高技术的集成，代表了机器人的尖端技术。因此，仿人形机器人是当代科技的研究热点之一。仿人形机器人不仅是一个国家高科技综合水平的重要标志，也在人类生产、生活中有着广泛的用途。目前，我国仿人形机器人研究与世界先进水平相比还有差距。我国科技工作者正在努力向前，我们热切地期盼着我们自己研制的、水平更高的、功能更强的仿人形机器人在未来能与大家见面。

军用机器人的本领

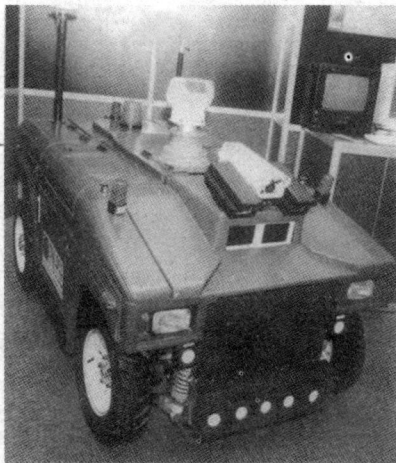

军用机器人

在人类的历史上，战争总是接连不断，当今世界仍不太平，局部战争时有发生，在可见的未来，战争恐怕仍然不可避免。战争的目的是什么，早就有伟大的军事家做出了精辟的论断，那就是："保存自己，消灭敌人。"考察战争的历史，战争的敌对双方无不在如何有效地"保存自己，消灭敌人"方面做文章。在"保存自己"方面，主要采取两种办法，一是防护措施，就是把己方人员和装备保护起来，包括个人的防护服装、头盔及伪装设施，集体的防御工事；在武器装备方面，也多采取伪装和高强度结构等办法。二是己方人员尽可能地远离作战现场，让敌方不易打着或根本打不到，这一点又与有效地消灭敌人相矛盾——己方远离敌方，同样也不容易消灭敌人了。在如何有效地"消灭敌人"方面，撇开人的谋略和勇敢因素外，主要是靠精良的武器。过去的战争，总是人与人之间在有限范围内进行的，武器靠人直接操作，攻击的武器与防护设施一般也是分离的。如何使自己远离战事现场（或军事目标），而又能最有效地完成克敌制胜的目的，这是各国一直在努力追求的。远距离带自动控制的杀伤武器，如各类导弹、隐身飞机等，就是在这种指导思想下相继出现的。但是，这些先进武器，在使用中有一定的局限性，因为军事任务是多样性的，最好能够有一种可以代替人的东西去执行任务，于是军用机器人就应运而生了。

近二十年来，以美国为代表的一些军事大国，都在致力于军用机器人的发展，涵盖了陆、海、空、宇（外部空间）全方位立体空间，并且已经投入实际使用。

◎ 地面军用机器人

地面军用机器人就是在地面上使用的、可代替士兵执行任务的机器人系统。这种机器人一般具有可移动性。所以，至今各国研制和使用的地面军用机器人，主要是智能型和遥控型无人驾驶车辆，包括自主车辆、半自主车辆和遥控车辆。自主车辆是依靠自身的智能自主导引躲避障碍物，独立完成有关战斗任务；半自主车辆则是在人的监视下自主行驶，当其遇到困难时，操作人员通过遥控进行解决；遥控车辆是其按照遥控人员发出的指令去完成有关军事任务。地面军用机器人的行进方式，主要是车轮式和履带式两种，仿人形步行式军用机器人，尚处于研制阶段。

现在世界上已经投入使用或正在研制的地面军用机器人有以下几种：

（1）能代替士兵的排爆机器人和排雷（弹）机器人。

（2）能代替侦察兵的侦察机器人。

（3）能执行警卫工作的保安机器人。

地面军用机器人

(4) 能在战场上代替步兵实施作战的战场机器人（或称步兵支援机器人）。

◎ 水下军用机器人

水下军用机器人，也叫无人潜水器。其实，这种机器人也可以作为民用，如进行海上资源勘探和开发。作为军事用途，主要有两种类型：

第一种是水下遥控机器人。这种机器人必须在舰艇（作为母舰）上发射，并与母舰用缆绳连接，其缺点是航速慢、机动性差、准备时间较长，同时也限制了母舰的自由。

第二种是自治潜水器，又叫无缆潜水器。这种机器人因为自带电源，没有与母舰相连接的缆绳，自治能力强，克服了水下遥控机器人的缺点。

水下军用机器人主要用于各种水域中的探雷、扫雷、水下侦察、水下打捞、水下救护、深海勘探以及水下攻击等。

◎ 空中军用机器人

空中军用机器人实际上就是各种类型的无人驾驶飞机，简称无人机。无人机类型繁多，累计已有 300 多种，目前正在服役和研制的也多达 200 余种，其中美国发展最早、机种最多、技术水平最高。中国从 20 世纪 60 年代开始研制，现在已经具有相当的实力和水平。

无人机的大小和性能，根据其执行任务的不同，差别很大。例如，一般执行侦察任务的无人机，其尺寸和性能相当于有人驾驶的轻型或超轻型飞机。如以色列研制的"先锋"无人机，其机身长 4.26 米，翼展 5.15 米，时速约 185 千米/时，可连续飞行约 7 小时。若是战略侦察无人机，其尺寸要大一些，相当于大型有人驾驶飞机。例如美国的"全球鹰"无人机，其翼展为 35.36 米，在 19 812 米的高度上它可以以 648 千米/时的时速连续飞行约 42 小时，中途不加油，一次可飞行约 22 526 千米，相当于绕地球半圈。微型无人机，其翼展和身长大似飞燕、小似昆虫。这种微型无人机体型虽小，但"五脏"

俱全，因此需要解决很多高新技术问题，如体积、重量、动力、控制、通信以及特殊的空气动力学特性等一系列技术问题。如美国研制的一种微型无人机，其身长为 15 厘米，重 42 克，遥控距离为 1000 米，可飞行约 10 分钟，其体形呈圆盘状。因其体型小，隐蔽性好，可以潜入对方大型建筑物或军事设施内部，进行监视、侦察、探测、目标指示、通信、武器发射等。

无人机

知识小链接

无人机

无人机是利用无线电遥控设备和自备的程序控制装置操纵的不载人飞机。无人机上无驾驶舱，但安装有自动驾驶仪、程序控制装置等设备。地面、舰艇上或母机遥控站人员通过雷达等设备，对其进行跟踪、定位、遥控、遥测和数字传输。无人机可在无线电遥控下像普通飞机一样起飞或用助推火箭发射升空，也可由母机带到空中投放飞行。回收时，无人机可用与普通飞机着陆过程一样的方式自动着陆，也可通过遥控用降落伞或拦网回收。无人机可反复使用多次，它广泛用于空中侦察、监视、通信、反潜、电子干扰等。

我国的无人机研制工作始于 20 世纪 60 年代，主要集中在几所航空院校和研究所，包括无人靶机和无人侦察机，并且早已投入使用，效果十分明显。例如北京航空航天大学研制的"长虹"号高空无人侦察机，于 1980 年正式列装；西北工业大学研制和生产的低空无人机、南京航空航天大学研制和生产的高速靶机等，都取得了很好的经济效益和社会效益。

在部分中小型无人机中，其本身一般没有起落架系统，它们起飞有的靠大型母机挂飞，到一定空域将其投放，然后靠自身的动力装置起动进入自主飞行；有的利用火箭助推装置，在发射架上进行发射，然后靠自身动力装置点火起动进入自主飞行。这类无人机执行完任务返回后，一般靠降落伞进行回收，有的用直升机回收。

在实际应用的有人驾驶飞机中，有固定翼和旋翼（直升机）两种飞机，无人机除此之外，还有一种扑翼机。据美国有线电视新闻网报道，加利福尼亚大学的生物学家和技术专家，最近研制成功一种名为"微型机械飞行虫"的飞行器，它是通过研究昆虫和蜂雀飞行的空气动力学的原理研制而成。这种飞行器能像苍蝇那样，不停地拍打着"翅膀"，快速飞行。

◎空间军用机器人

空间军用机器人包括空间武器和各类宇宙飞行器。所谓空间武器是指用于各种军事目的的人造地球卫星和从其轨道发射攻击地面目标和外层空间目标的武器。军用人造地球卫星主要任务是军事通信、导航、电子侦察、海洋监视、气象、导弹预警等。在卫星轨道上实施攻击的武器分为"轨道武器"和"截击卫星"两大类。"轨道武器"就是从地面发射入轨后待命，当接到攻击命令后，重入大气层实施地面攻击。"截击卫星"是自身带有攻击武器的卫星，可采取自身爆炸，也可采取激光、粒子束等方式攻击或破坏目标。

知识小链接

火 星

火星是太阳系八大行星之一，是太阳系由内往外数的第四颗行星，属于类地行星，直径约为地球的一半，自转轴倾角、自转周期均与地球相近，公转一周约为地球公转时间的两倍。橘红色外表是因为火星地表的赤铁矿（氧化铁）分布很广。火星基本上是沙漠行星，地表沙丘、砾石遍布，没有稳定的液态水体。以二氧化碳为主的火星大气既稀薄又寒冷，沙尘悬浮其中，每年常有沙尘暴发生。火星两极皆有水冰与干冰组成的极冠，会随着季节消长。

宇宙飞行器包括宇宙飞船、宇宙探测装置等，主要任务是对空间环境、天体进行观测和研究，希望找到可用于人类的资源与条件。为此，美国与前苏联展开激烈的竞争，先是对月球，然后对火星、木星、金星、水星、土星以及更远的星球进行探测，发射一系列宇宙飞行器。大家知道，这些星球距离地球很远，而发射宇宙飞行器，要使其脱离地球的引力，甚至还要摆脱太阳的引力，需要具备很高的速度。第一宇宙速度为 7.9 千米/秒，又叫环绕速度；第二宇宙速度为 11.2 千米/秒，是指在地球上发射的物体摆脱地球引力束缚，飞离地球所需的最小初始速度，所以又叫逃逸速度；第三宇宙速度为 16.7 千米/秒，超过这个速度，物体就可摆脱太阳的引力飞出太阳系。

基本小知识

宇宙飞船

宇宙飞船是一种运送航天员、货物到达太空并安全返回的一次性使用的航天器。它能基本保证航天员在太空短期生活并进行一定的工作。它的运行时间一般是几天到半个月，一般乘 2 到 3 名航天员。

例如，1996 年 12 月 4 日，美国利用德尔塔 2 型运载火箭在肯尼迪航天中心发射了"探路者"号宇宙飞船，船内携带机器人"索杰纳"火星车，经过 7 个月的飞行，于 1997 年 7 月 4 日在火星表面着陆，"探路者"和"索杰纳"在火星上工作了 3 个多月，向地球传输了 500 多张照片、

空间军用机器人

16 000 余幅图像和大量很有价值的科学数据。这种远距离、长时间的飞行和在不可知的环境下工作，是我们人类目前无法胜任的。

知识小链接

"探路者"号宇宙飞船

美国国家航空航天局的火星探测计划长期致力于对火星这颗红色行星进行无人探测，"探路者"号宇宙飞船是这一系列无人探测计划的一个组成部分。"探路者"号宇宙飞船于1997年7月4日在火星表面着陆。它携带的"索杰纳"号火星车，是人类送往火星的第一部火星车。

民用机器人的本领

◎ 服务机器人

餐厅提供服务的机器人

人类社会的发展，就是不断提高人类自己的生活质量和水平，包括物质的和精神的。而物质财富和精神财富，要靠人们的劳动去创造。但是，每一个人的各种享受不可能完全靠自己"封闭"来实现。据考古学家考证，在氏族公社时期，人类就有了分工，随着人类社会的发展与进步，分工越来越细，形成了一个庞大的各司其职、互相关联、相互依存和服务的网络体系。在当今社会，这个网络已经国际化。具体每个人从事何种职业，是由多种因素决定的，虽然人们常讲工作有繁简之分，人无贵贱之别，但还是有些工作——主要是家庭服务和环境保洁工作等，往往不太受欢迎，特别是像日本等人口老龄化国家，服务性人员更是缺少，于是，一种服务机器人就产生了，并且得到迅速的发展。

服务机器人分为专用服务机器人和家庭服务机器人两大类，前者是专供行业用的机器人，如医用机器人，有护士助手机器人、各类手术机器人、能进入人体内部（包括血管）进行检查和治疗的机器人等；又如清洁用机器人，包括墙壁、玻璃窗清洗机器人，汽车、飞机清洗机器人等；另外，还有汽车加油机器人、消防机器人等。

家庭服务机器人种类更多，包括吸尘机器人、助残机器人、护理机器人、草坪整理机器人等。

机器人专家预测，今后十年，随着科学技术的发展，服务机器人的性能将会大大提高，而价格则会大大下降，从而使之得到普及。

◎ 娱乐机器人

当今世界，人类的文化娱乐生活主要集中在文娱和体育两大领域。按照人们享受的方式分类，基本上有两种：一是传统现场参与式，二是现代间接欣赏式。

拓展阅读

氏族公社

氏族公社为原始社会的基本单位，它是以生产资料公有制为基础、以血缘纽带和血统世系相联结的社会组织形式。氏族公社曾普遍存在于世界各地的原始社会中，是人类社会发展的必经阶段。氏族公社经历母系氏族公社和父系氏族公社两个阶段。母系氏族公社经蒙昧时代高级阶段继续发展，到野蛮时代低级阶段臻于全盛。到野蛮时代中高级阶段，随着社会生产力和劳动分工的发展，母系氏族公社逐渐为父系氏族公社所取代。

（1）传统现场参与式，指我们亲临娱乐现场，去观看、欣赏艺人的演出或者各类体育运动的比赛，或者本人参与其中的一些文娱、体育活动等。这是一种人与人（观众与演艺者）面对面的方式，是千百年来人们就有的方式，只是随着科学技术的发展，其规模越来越宏大，内容也更加丰富多彩。例如，现在一场文艺演出或者一场体育比赛，观众可多达数万人乃至数十万人，这在古代是不可能的。

（2）现代间接欣赏式，就是利用现代化的声、光、电子设备去间接欣赏艺术家或运动员的精彩表演，如看电影、电视、录像，

娱乐机器人

听无线电广播、录音等。

以上两种方式，都是基于人的技艺表演，优秀的艺术家（或团队）和运动员（或团队）给人们带来无比的精神享受的同时，也会受到人们的衷心爱戴。但是，人类的追求是无止境的，总是想好上加好，不断开辟新道路，梦想有一种机器人可以像人那样会唱歌、会跳舞、会演奏、会比赛，于是娱乐机器人就出现了。

娱乐机器人包括机器人运动员（如机器人足球、机器人相扑等）、机器人音乐家、机器人动物（如机器狗、机器猫、机器鱼、机器昆虫以及机器古生物等）及寓教于乐的"能力风暴"个人机器人等。在娱乐机器人一族内，目前除了机器人运动员的形貌不具有人的形貌外，其他各种基本上与其仿照者形貌相似。如音乐机器人，其形貌很像生物人，或唱、或舞、或演奏，栩栩如生，真可谓惟妙惟肖，深受人们的喜爱。仿人形娱乐机器人的出现，为人类开辟了另一种娱乐形式，打破了生物人一统天下的局面，大有发展前途。预计不远的将来，仿某某歌唱家、音乐家、舞蹈家等艺术家机器人，会出现

在舞台上或家庭中。仿人形机器人运动员与人的对抗比赛，或者机与机之间的对抗，将会比人与人之间的对抗比赛更加精彩、生动。

◆ 航天机器人访月宫

在未讲航天机器人的故事之前，先说说大家最关心的问题：为什么要用航天机器人？

首先要说，人类早就不安于只在地球上活动，早就幻想飞离地球，到宇宙空间去探索和开发了。为此，人们造出了飞机、人造卫星、航天飞机。人类开发宇宙空间能给自己带来极大的好处。最简单的例子，你现在可以看到当天，甚至是当时的在世界各地、距你很遥远的地方所发生的真实事情的电视图像，这就有卫星转播的一份功劳。卫星还可传送远在天边的声音和数据。只举卫星这么一个例子，就可以看出，开发宇宙空间对经济、技术、生活、生产会产生多么大的影响，会有多么大的效益。

知识小链接

航天飞机

　　航天飞机是可重复使用的、往返于太空和地面之间的航天器，结合了飞机与航天器的性质。它既能代替运载火箭把人造卫星等航天器送入太空，也能像载人飞船那样在轨道上运行，还能像飞机那样在大气层中滑翔着陆。航天飞机的发明为人类自由进出太空提供了很好的工具，它大大降低了航天活动的费用，是航天史上的一个重要里程碑。

接着要说，人直接去探索和开发宇宙，有很多困难。就拿消耗的经费来说，一名航天员在太空飞行 1 小时要花几万美元。

为了保证人在宇宙空间飞行安全，必须创造良好的飞行环境。人最重要的是吃，航天员的食品需要准备约100种。若是长时间在太空逗留，对这些食品就吃腻了，所以每隔一段时间，还要特意发射运货飞船，给航天员送去新的食品，其中包括新鲜的蔬菜和水果。航天员要穿航天服，这种衣服不但昂贵，而且穿在身上并不那么舒服。航天员在太空飞行，大多数时间是在供航天员用的密封舱内。舱的大小只有几十立方米，长期在舱内生活是十分难熬的。航天员在太空中生活单调，工作繁重，还要承受失重的困扰。

为了使航天员能承受加速产生的"压力"（相当于人体重的6倍以上），为了使航天员在太空中能应付各种艰苦条件，在飞入太空前，要进行十分艰苦的训练，这些训练比起排球、篮球所谓的"残酷训练""超级地狱训练"要艰苦不知多少倍！

航天员最怕的是出事故，因为一出事故，其结果就十分悲惨。1967年，美国"阿波罗1"号宇宙飞船，在肯尼迪发射场进行登月训练时，指令舱突然起火，3名航天员被活活烧死。1971年5月，前苏联"礼炮1"号空间站上的3名航天员在太空中生活了24天，乘"联盟11"号飞船返回地球途中，飞船气压阀意外开启，密封舱内空气全部漏光，航天员在距大气层160千米处因缺氧而死亡。1986年，美国航天飞机"挑战者"号在升空73秒后爆炸，7名航天员全部遇难。航天员到舱外行走，会受到强烈的辐射，温度有时极高，有时极低，即使穿航天服，对人来说，环境条件也是十分有害的。另外，航天员还可能会得"太空病"。

用机器人作探索开发宇宙的先锋，有很多优越之处：机器人当航天员，不用穿航天服，不需要吃喝，也不必去受训练；机器人当航天员，没有七情六欲，不会想家，不会感到孤独寂寞，可以长时间在太空中工作，也不会得"太空病"；用机器人当宇航员，工作效率比人高，将来的机器人对环境的反应、对信息的收集，以及处理问题的能力等方面，可能与人差不太多。但是机器人可以黑天白日连续工作，不用休息。这样，一个机器人可顶3个人工作。过去，机器人在探索宇宙中已作出了很多贡献，充分说明了机器人能承担起探索、开发宇宙的重担。

美国的"阿波罗计划",也就是实现载人登月飞行和人类对月球实地考察前,让机器人先到月球上探探虚实。

1967年,美国的"探测者3"号,经过几十万千米的长途飞行,终于风尘仆仆地降落在月球表面上。这里是寂寞而荒凉的地方,白天温度可达127℃,夜间可降低至零下180℃左右。这个机器人用3条腿支撑在月球表面上。它的背上有照相机、电视摄像机、无线电收发装置、各种探测仪器和分析仪器。它的头上有个抛物面天线。它还有一个手臂,长1.5米,可以伸缩和转动。手臂前端有1个爪子,它能把月球表面的尘埃铲起来,放到仪器中进行分析化验,研究月球表面的硬度,并把结果向地球上的科学家报告,说明月球表面是可以承受一艘登月艇的重量和"软着陆"的压力的。

1969年,美国航天员阿姆斯特朗和奥尔德林,第一次登上了月球表面,实现了人类探索月宫的愿望。

1970年11月10日,前苏联发射了"月球17"号飞船,它的主要任务是将"月球车1"号送上月球表面。"月球车1"号的外形像一个带盖的大盆,体重756千克,身长3.2米,宽1.6米,用摄像机当自己的"眼睛"。人在远离月球38万千米的地球上的指挥中心里发号施令,

拓展阅读

"阿波罗计划"

"阿波罗计划",又称"阿波罗工程",是美国从1961年到1972年从事的一系列载人登月飞行任务。它是世界航天史上具有划时代意义的一项成就。工程历时约11年,耗资约255亿美元。在工程高峰时期,参加工程的有2万家企业、200多所大学和80多个科研机构,总人数超过30万人。

通过无线电波指挥这台机器人移动和拐弯,以及完成其他动作。机器人用轮子在月球上跑来跑去。

机器人在月球上一共干了11个月,拍摄了200多张全景照片,20 000多张局部照片,并在500个地点进行了地层物理机械性能研究,为研究月球立

下了汗马功劳。

在人类探测月宫的伟大创举中，无人行星探测器用自己的行动表明：人类探测和开发宇宙，是离不开无人行星探测器的，它是人类向宇宙进军的金属伙伴和可靠的先锋。

古时候，人们想象着月球上有参天的桂树、有可爱的玉兔。20世纪60年代末期，人类和机器人终于登上了月球，解开了月宫之谜。月球是一个无生物、很荒凉的地方。

但是，有的科学家设想，应开发月球，把月球建成一个基地，从月球上发射各种航天器就很容易了，因为月球上的引力只有地球上的1/6。

开发月球还有许多重要意义。可以把月球建设成地球外的一个工业基地。月球表面的土壤和岩石中含有氧和氢，以及其他许多元素。在月球上建立工厂，提炼出氧和氢，制成氧气并用氧和氢合成水，供人使用。氧和氢还可以作航天器的推进剂，比由地球运来的要便宜一半。月球上有大量的氦－3，这是核发电站使用的一种燃料，用月球上氦－3发出的电，可供地球上的人类使用几万年。

开发月球是离不开机器人的。21世纪初是开发月球的第一阶段，主要是用机器人以及一些探测仪器调查月球的地形，画出月球资源分布图，为月球基地选地址。之后，就进入人员驻入月球的阶段，先是少数人进驻月球，由地球把氧气、食物、水、生活用品、建筑材料等送到月球，用机器人进行矿物的测量和采集，还要进行建筑。工作人员陆续增加，在月球居住时间也可以延长，人和机器人开始制造氧气、提炼水、冶炼金属，甚至把月球上的资源送回地球。当地球人在月球上永久居住下来时，要建设农场、工厂、生活区，其中有别墅、花园、山谷、河流、湖泊、高原、学校、娱乐场所，干这些活，主力军仍是机器人。月球的表面是灰白色，到处是大大小小的环形山，还有密密麻麻的坑穴。机器人在这样的地面上忙碌着。有的机器人挖掘矿石；有的机器人把矿石运到冶炼炉边，进行冶炼；有的机器人在工厂里制造机器人；有的机器人在修理或装配着航天飞行器……

　　机器人在太空中，能为人们干许许多多的活，它是人类开发太空的有力助手。

　　前不久科学家得到充分证据说明，月球下有冰冻的水，这更提高了人类对月球开发的兴趣。

➡ 机器人的火星之旅

　　火星，是地球的小兄弟，人们用肉眼可看到它的表面是一个橘红色圆球。用望远镜观察发现，它的表面有大气层包围着，表面上色彩像地球一样有变化。火星上也有四季变化。人们就猜想火星上可能和我们地球一样有高级生物，于是许多幻想小说家就写了不少关于火星人的小说。火星上到底有没有生命呢？

　　1971年，前苏联发射了"火星2"号探测器，登上了火星。1975年，美国发射了"海盗1"号探测器，飞行了10个多月后在火星表面的"黄金平原"上着陆，后来又有"海盗2"号在火星的"乌托邦平原"上着陆。机器人在火星上采集岩石标本，进行化验，并把结果送回地球，同时也发回了很多照片。不少科学家分析推断，在火星上根本就没有什么"火星人"，也不大可能有生命存在。火星上只有沙丘、岩石和火山口，是夏季酷热、冬季严寒、气候干燥的地方，不但没有水，甚至大气也基本消失了。但是，也有的科学家说，火星上确有生物存在。从图片上看到火星上有纵横交错的运河，河里还挤满了鱼类，并且还说，美国人在"海盗1"号登上火星后就知道火星上面有人工水道和海洋生物，只不过把这件事隐瞒下来了。前苏联也同样知情，秘而不宣。有的科学家用计算机对火星图片分析后说，火星表面有类似地球人类的"人面像"，宽有3千米，这是一个待解之谜。

　　1992年9月25日，美国又发射了"火星观察者"探测器，目的是进一步探测火星有无原始生命现象，以便为向火星移民作准备，但"火星观察者"

探测器一去之后就失踪了。

人要到火星去一次，至少要花 1 年半至 3 年时间。载人飞船必须设计得十分安全可靠，要保护人不受各种有害物质辐射，要保护人不得"太空病"。若飞船重量超过 4 吨，就很难一下子从地球飞向火星。

在没有把人送上火星之前，人类要先做许多准备工作。美国征服火星的太空小组的计划是先向火星表面派出一个机器人。它有两只手臂，可以采集火星表面的岩石和粉尘。它身上的电视摄像机可以拍摄火星上的各种景象。它有多只脚，像尺蠖一样向前移动：前面 3 只脚支在地面上，再升起剩下的 4 只脚，向前移动。

经过一段时间的准备之后，美国又开始了火星无人探测器的发射。

1996 年 12 月 4 日，美国发射了一艘"探路者"火星探测飞船。7 个月后的 1997 年 7 月 4 日，这艘飞船终于在火星表面软着陆成功。这一软着陆过程完全显示了高水平自动化技术的作用。

你知道吗

太阳能的利用方式

太阳能一般是指太阳光的辐射能量，在现代一般用作发电。就目前来说，人类直接利用太阳能还处于初级阶段，主要有太阳能集热、太阳能热水系统、太阳能暖房、太阳能发电、太阳能无线监控等方式。

"探路者"以每秒 7 千米的速度进行惯性飞行，接近火星。在着陆前 4 分钟，以 14 度的角度进入火星的大气层，进入第一阶段减速。当"探路者"距火星表面还有 10 千米时，自动打开降落伞，进行第二阶段减速。20 秒钟之后，飞行舱下侧的耐热护罩与"探路者"分离，由降落伞自动地用一条长 39.5 米的缆绳吊着探测器下降。当它下降到距火星表面 300 米时，一个气囊自动地把探测器包住并充满气体膨胀，以便缓解着陆时的冲击力。缆绳与探测器分离，探测器着陆成功。上述着陆过程都是自动完成的。

"探路者"探测器在火星表面着陆之后，张开太阳能电池板，伸出天线，启动摄像机及其他仪器进行工作。在着陆6小时后，探测器向地球发出信号，着陆时火星表面温度为零下53.3℃，重力约为地球的1/3。

探测火星的机器人

在"探路者"探测器着陆之后，探测器的三枚叶片打开；从里面开出一辆有智能的火星探测车，叫"索杰纳"火星漫游车，它有6个轮子，还带有很多仪器和传感器。由仪器和传感器测得的数据传送给火星漫游车上的电脑，电脑产生控制信号，控制电机使轮子转向，或者向前行驶。火星漫游车上的激光探测仪及摄像机能够自主地判断道路上是否有障碍物，并由电脑作出决定，如何行动。

火星漫游车上的仪器，能拍摄火星岩石的照片，还可以分析火星岩石和土壤中的元素成分。火星漫游车的摄像机拍摄的图像都送回到地球上的指挥中心，地面上的控制人员可以看到火星漫游车周围的地形，由电脑可以算出障碍的高度，火星漫游车是否可以越过去，并给予火星漫游车一定指令。火星漫游车是受遥控的，但它也有自主行动能力，所以是智能式无人探测车。

美国为这次探测发射"探路者"耗资巨大，但"探路者"软着陆，以及火星漫游车进行探测，都取得了极大的成功。

火星上是否有生命还是一个谜。美国国家航空航天局曾公布火星陨石上有生命痕迹，引起了争论。美国及世界一些国家对探测火星是很积极的，它们计划在不久的将来，派人登上火星，以便弄清火星上到底有没有生命。并且计划在21世纪30年代或40年代，在火星上建立永久基地，设想把火星的温度升高，使火星上平均温度升高到0℃。那时，火星上将会有树木植物生长出来，可以有几十万人居住在火星上。当然这些都是设想，真正实施起来，还有很多困难，特别是火星距地球太远，航天员到火星去，除工作时间外，来回飞行需 18 个月。所以在将来无论是探测火星还是开发火星，都是少不了无人探测器的。

◆ 各种各样的娱乐机器人

◎ 机器人的足球赛

中国足球冲出亚洲，走向世界，是国人多年的梦想，这一夙愿于 1999 年 8 月首先由中国机器人足球队抢先实现了——这就是东北大学"牛牛"足球队，它们首次闯进第四届世界杯机器人足球赛，战胜了韩国、巴西等强队，获得 l 枚宝贵的金牌和 1 个第五名。这是我国足球在世界比赛中取得的最好成绩，势必给中国足球队和球迷们以鼓舞。

会踢球的机器人

最早的机器人足球赛是 1996 年 5 月在韩国大田举行的韩国国内比赛。1997 年，在国际人工智能系列学术大会——第 15 届人工智能联合大会上，机器人足球赛被正式列为人工智能的一项挑战，确定机器人足球竞赛的目标是：2050 年战胜人类冠军队！随后成立了国际机器人足球联合会，确定每年组织一次机器人足球世界杯比赛。

中国队在第四届、第五届机器人足球世界杯比赛中取得的成绩，证明我国具备一定的科技实力，经国际机器人足球联合会（FIRA）多方研究，我国终于击败英国、丹麦、新加坡等竞争对手，取得2001年第六届机器人足球世界杯比赛主办权。

另外还有一个系列的国际比赛，是由国际人工智能学会组织的机器人世界杯足球赛。它的比赛项目如下：

小型机器人足球赛（机器人直径＜15厘米）

中型机器人足球赛（15厘米＜机器人直径≤50厘米）

电脑模拟比赛（仿真组）

四腿组（由第三届开始）机器人为一只机器狗

我国的中国科技大学"蓝鹰"队、清华大学、北京理工大学等队伍，均在该系列赛事中取得过骄人的成绩。

机器人足球赛与人类足球赛相似，也有一套类似的规则，判别胜负也是要把足球（乒乓球、高尔夫球或曲棍球）打进对方的大门，也有判罚点球、任意球和加时赛等，所不同的是运动员是自主机器人（机器人小车），教练不得现场指挥。

知识小链接

高尔夫球

高尔夫球是一种以棒击球入穴的球类运动，也是一种把享受大自然乐趣、体育锻炼和游戏集于一身的运动。如今，高尔夫球运动已经成为贵族运动的代名词，但是它是由一群牧羊人发明的。

（1）微型机器人足球赛。我们以微型机器人足球赛为例，介绍机器人足球赛有关情况。比赛中有4个硬件子系统。

视觉系统：将场上的图像信号经处理传给主计算机，相当于教练员的眼睛。

通信系统：发送指挥命令到运动员，相当于教练员的喇叭。

决策系统：装在主计算机中，判断场上形势，发出指令，相当于教练员。

机器人小车：按主机命令调整左、右轮转速，相当于运动员。

在整个比赛过程中，4 个系统以每秒二三十次的速度运行，任何人不得干涉，由机器人运动员自主完成攻守、射门、得分。

机器人在踢球

比赛时，在球场上空高约 2 米处悬挂双方的摄像机，把整个场内的战局传入计算机，再由计算机内预装的软件作出决策，通过无线电通信把指令传给各自的机器人运动员，场外的教练和研究人员不得干扰。

（2）高科技的较量。人类踢足球，已有很长的历史。这个号称世界第一大的运动，吸引了世界上数以亿计的人的热爱。每到世界杯比赛时，人们争相观看转播，真可谓盛况空前，为其他任何体育项目所不及。

如果说人踢足球靠的是体能和技巧，那么应当说机器人踢足球靠的是科学和技术。正如前面所述，机器人踢足球时，是由视觉系统把场上的战局随时传递给主机中的决策系统，决策系统按预先设置的软件作出判断后，靠通信系统发出指令给机器人，机器人调整小车轮速，保证按指令轨迹运动。视觉系统、决策系统、通信系统、机器人小车 4 个系统以每秒二三十次，甚至更高的速度运行，做到实时识别、实时决策、实时控制、实时运动，在场上绝无人的临场干预。在我国首届机器人足球锦标赛中，场上哈尔滨理工大学的"守门员"瞬时失职，被对方连进两球，场外的领队、研究人员干着急却束手无策，眼巴巴看着守门员"漏球"。

由此可见，机器人足球赛的胜负，取决于机器人软硬件系统的质量，它涉及传感器、机械传动、驱动控制和人工智能等机器人技术领域，因此说机器人足球赛是一种高科技的对抗。

如果说当年人机对弈，"深蓝"计算机战胜世界国际象棋大师卡斯帕罗夫是计算机发展的一个里程碑，那么今天机器人足球赛更是计算机、自动控制、感知、传感、无线通信、精密机械、功能材料等多学科发展的新阶段。

如果说在一定意义上足球代表一个国家国民的健身和体育水平的话，那么机器人足球就可以是一个国家信息自动化综合实力、高科技发展水平的体现。机器人足球的研究还可以促使人工智能理论联系实际，推动智能机器人和多机器人系统的发展。

拓展阅读

"深蓝"计算机

"深蓝"是由 IBM 开发，专门用以分析国际象棋的超级电脑。1997 年 5 月，它曾击败国际象棋世界冠军卡斯帕罗夫，成为首个在标准比赛时限内击败国际象棋世界冠军的电脑系统。IBM 在比赛后宣布"深蓝"退役。

如果说足球运动之所以能吸引成千上万的球迷如痴如醉，是由于它具有娱乐性、观赏性和刺激性的话，那么机器人足球就更增加了高科技对抗性；如果说青少年踢足球可以锻炼身体、磨炼意志，那么参加机器人足球活动还可以学习高科技知识，提高个人素质，因此，广大青少年参加这一活动是非常有益的。

◎ 风靡日本的机器人相扑赛

出于对相扑运动的喜爱，日本于 1990 年 3 月举行了第一届机器人相扑大会，大会举办的相当成功，于是同年 12 月又举行了第二届机器人相扑大会。自次年起，机器人相扑大会定于每年的 12 月举行。

机器人相扑比赛的规则要求机器人的长和宽不得超过 20 厘米，重量不得超过 3 千克，对机器人的身高没有要求。机器人的比赛场地是高 5 厘米、直径为 154 厘米的圆形台面。台面上敷以黑色的硬质橡胶，硬质橡胶的边缘处

拓展阅读

日本相扑运动比赛规则

运动员在进行相扑比赛时可以互相抓腰带、握抱头颈、躯干和四肢，可以用腿使绊，可以拍打对方胸部，但不许踢对方胸腹，不许抓兜裆和生殖器，不许抓头发、击双耳、卡咽喉，不许伤害对方眼睛、胃门等要害处，不许用拳头打人或使用反关节动作。相扑比赛时，能使对方身体任何一部分着地（除两脚掌外）即为胜利；能使对方身体任何部分（包括手、脚）触及界外地面亦为胜利。相扑比赛没有时间限制，如果双方经过长时间角斗，筋疲力尽而胜负未分时，裁判员可以宣布比赛暂停，休息后再重新开始比赛，直至决出胜负。

涂有 5 厘米宽的白线。这种以黑白两色构成边界线的比赛场地便于相扑机器人利用低成本的光电传感器进行边界识别。相扑机器人使用的传感器有超声波传感器、触觉传感器等，成本也都不高。正是由于费用不太高，所以发展很快，到第 4 届机器人相扑大会，参赛机器人已超过 1000 台。由于竞技过程是双方机器人"身体"的直接较量，气氛紧张，比赛激烈。

机器人相扑比赛的规则比较宽松，给参赛者留有较大的发挥空间。比如，为了防止被对手推下赛台，有的相扑机器人采用了必要时可将自己的底部吸附在比赛场地的方法，并靠这种策略多次赢得了胜利。

◎ 活灵活现的机器人动物园

看过恐龙博览会的朋友一定还记得这样一个场景：在忽明忽暗的灯光下，伴随着阵阵恐怖的吼叫声，一只只恐龙或立或卧，脑袋、肢体在不停地动作着，活灵活现，惟妙惟肖。

有人把这种机电一体化产品称为机器人，也有人认为它不应叫机器人，应该叫电子动物，因为它们只是按固定程序重复动作，没有或极少有与外界交流的传感器。在这里我们姑且将这种电子动物也叫作机器人。

基本小知识

恐　龙

　　恐龙是指生活在距今 2 亿 3500 万年至 6500 万年前的一类爬行类动物，它们支配全球生态系统超过 1 亿 6 千万年之久。一般认为大多数恐龙已经全部灭绝，但仍有一部分适应了新的环境被保留下来，如鳄类、龟鳖类，还有一部分沿着不同的进化方向进化成了现在的鸟类和哺乳类。

　　机器人动物的发展历史很短，最早的机器人动物是迪斯尼公司和犹他大学合作研制的。这些机器人一经展出，立即引起轰动，受到了公众的热烈欢迎。时至今日，世界各地许多不同主题的公园内、娱乐场所甚至博物馆里，到处都有机器人动物的身影。北京也举办过恐龙展览会，同样吸引了大批的观众。在北京古脊椎动物研究所曾展出由北京一家机器人公司研制的机械恐龙，这些恐龙也非常逼真。随着计算机技术、传感器技术、人工智能技术等相关技术的发展，机器人动物将会更加动人。

　　1997 年 5 月 7 日，SGI 计算机公司和《时代》周刊共同宣布对一项名为"机器人动物园"的全美巡回展览活动进行资助。该项活动由 BBH 公司承办，在全美有名的科技博物馆和动物园里展览。

　　"欢迎来到机器人动物园，在这里你可以与迷人的变色龙、可怕的乌贼、凶猛的犀牛以及一些奇异的动物一起体验冒险的滋味。你不但会玩得开心，而且可以体验高技术的魅力，学到许多有用的知识。"这就是机器人动物园的宣传词。

　　在机器人动物园里，孩子们可以利用交互式的计算机平台，走到"自然"中去。例如，孩子们使用联网的工作站上的绘画程序，用鼠标控制不同的变量，创建不同的变色模式。孩子们把数据传给控制计算机后，在机器人变色龙身后的大屏幕就会显示该颜色，这时机器人变色龙会迅速改变皮肤颜色以适应屏幕的颜色，就像真正的变色龙适应环境一样。

◎以假乱真的"帕瓦罗蒂"

美国特种机器人协会曾举办过一场别开生面的音乐会，演唱者是世界男高音之王"帕瓦罗蒂"，这位"帕瓦罗蒂"并不是意大利著名的歌唱家帕瓦罗蒂，而是美国爱荷华大学研制的机器人歌手"帕瓦罗蒂"。这场音乐会实际上是一场机器人验收会。听众席上不仅有机器人领域的专家，更有不少音乐家以及众多慕名而来的听众。

知识小链接

爱荷华大学

爱荷华大学，又称衣阿华大学，是美国国家级研究型大学之一，美国大学联合会成员，也是著名的十大联盟所属学校之一。它坐落于美国中部的爱荷华州东部的一个小城——爱荷华城。

演出开始，"帕瓦罗蒂"身着他习惯穿的黑白相间的礼服，大大方方地走上舞台，手里还拿着他演唱时喜欢挥舞的白手绢。当他放声高歌时，不仅唱出了两个8度以上的高音，而且被歌唱家们视为畏途的高音C他也能唱的清脆圆润具有"穿透力"。不仅听众们一个个目瞪口呆，就连那些闭目聆听的音乐家们也惊呼道："这不就是'高音C王'帕瓦罗蒂吗？"

演唱完毕，应听众的要求，"帕瓦罗蒂"还作了自我介绍和回答提问。机器人歌手的回答诙谐幽默，妙语连珠。他的语调声音、用词造句与帕瓦罗蒂如出一人。

演唱结束后，"帕瓦罗蒂"还为他的崇拜者们签名留念，当一位崇拜者递上一张帕瓦罗蒂的照片时，"帕瓦罗蒂"习惯性地在照片的左上角一丝不苟地写下了他的大名"帕瓦罗蒂"，其笔迹与真帕瓦罗蒂的笔迹丝毫不差。

整个演唱会掀起了一波又一波的高潮。在记者们紧追不舍的逼问下，研制专家们透露了一些内部信息：他们的机器人歌手之所以表演得如此逼真，是因为他们事先成功地获得了帕瓦罗蒂演唱时胸腔、颅腔和腹腔内空气振动的频率、波长、压力及空气的流量等数据，再用先进的电脑系统进行"最逼真的模拟"，然后再进行仿制。

特种机器人协会的专家阿姆斯特朗特地上台对演唱的成功表示祝贺。他说："近年来，全球商业性娱乐机器人正以每年35%的惊人速度递增。将来在大商场中由机器人导购售货将司空见惯，人们对机器人登台演出也将习以为常，因此爱荷华大学的这次成功意义深远。"

◎好看好玩的机器小狗

（1）一石激起千层浪。1999年6月，日本索尼公司宣布，将在日本和美国限量销售索尼公司研制的娱乐机器人——机器小狗"爱宝"。

首次投放市场的是5000台限量版的ERS－110型"爱宝"，其中在日本投放3000台，在美国投放2000台。人们对"爱宝"的热情出乎商家的预料，在日本投放的3000台"爱宝"在20分钟内就宣布售罄，在美国投放的2000台也在4天内售完。为了满足消费者的需求，索尼

机器狗

公司于1999年11月决定在日本、美国和欧洲的部分国家再投放10 000台特定版的ERS－111型"爱宝"机器小狗。

结果在规定的时间内索尼公司共收到了135 000个订单，大大超过了公司预定销售的10 000台。最后只能通过随机取样的办法来决定谁可以得到机器小狗"爱宝"，同时索尼公司承诺不久将制造更多的"爱宝"以满足大家的需求。

2000 年 1 月 25 日，索尼公司宣布，将再次接收 ERS－111 型"爱宝"的订单，此次不再有数量的限制。

知识小链接

索尼公司

索尼公司是一家全球知名的电子产品制造商，为横跨数码、生活用品、娱乐领域的世界巨擘，总部设在日本东京。索尼的前身为东京通信工业株式会社，创立于 1946 年 5 月，由盛田昭夫与井深大共同创办。索尼公司是全球民用（专业）视听产品、通信产品和信息技术等领域的先导之一，它在音乐、影视和计算机娱乐运营业务方面的成就，也使其成为全球最大的综合娱乐公司之一。

（2）点点滴滴话"爱宝"。"爱宝"首次在公开场合露面是在 1997 年日本举行的国际机器人展览会上，当时就引起了观众极大的兴趣。由于当时索尼公司只生产了几个样品，不对外销售，致使很多观众非常失望。

"爱宝"之所以受欢迎，不仅在于它有漂亮的外观，而且与真狗十分相近。

"爱宝"有 6 种不同的情感状态：喜、怒、哀、惊、惧和怨。机器小狗的情感变化可以由各种原因引起，也可以相互影响。"爱宝"的 6 种感情状态呈现给人一个丰富多彩的感情世界。

"爱宝"有 4 个不同的本能：爱、寻找、运动和饥饿（充电），这些本能构成了它的一些基本行为。

"爱宝"也像幼童一样有学习期、成长期和成年期。在学习期它可以经过人的辅导，培养本领和性格；在成长期可以了解周围世界，观察和倾听各种事情，积累经验；在成年期则具有丰富的情感、自主的本能和与主人进行交流的能力。

为了使"爱宝"能与人共处，索尼公司给"爱宝"设计了 4 条腿，就像狗或猫一样，成为人类的伙伴。"爱宝"有 18 个电机，也称为 18 个自由度，这使得"爱宝"不仅能走动，而且能完成坐、伸展等动作，摔倒后可以站起来，可以用腹部爬行，还可以像真的小狗一样玩耍。

"爱宝"的传感器与人的感知器官相对应，用于感知周边环境和与人进行交流。"爱宝"的头上有触觉传感器，你可以轻轻拍一拍它，表示友好。"爱宝"利用两个麦克风聆听周围的声音，在遥控模式下可以通过声音对它下命令。

你知道吗

麦克风的由来

麦克风，学名为传声器，是将声音信号转换为电信号的能量转换器件，由Microphone翻译而来，所以叫作麦克风，也称话筒、微音器。20世纪，麦克风由最初通过电阻转换声电发展为电感、电容式转换，大量新的麦克风技术逐渐发展起来，这其中包括铝带、动圈等麦克风，以及当前广泛使用的电容麦克风和驻极体麦克风。

◎ 惟妙惟肖的机器人"演奏家"

上海交通大学机器人研究所培育了一位"长笛演奏家"，只见它用10个金属手指灵活地按动发音孔，吹奏出一曲悠扬的《春江花月夜》。除了模拟手指，这位"长笛演奏家"还有一个人工肺，吸气、吐气都受过"专门训练"，音域圆润而宽广。

知识小链接

长　笛

长笛是现代管弦乐和室乐中主要的高音旋律乐器，外形是一根开有数个音孔的圆柱形长管。早期的长笛是乌木或者椰木制，现代多使用金属的材质。

◎ 寓教于乐的"能力风暴"个人机器人

"能力风暴"个人机器人是为培养在校学生动手能力、创造力和协作能力而推出的开放式机器人平台。"能力风暴"个人机器人融合了现代工业设计、机械、电子、传感器、计算机和人工智能等诸多领域的先进技术，学生可以通过使用"能力风暴"个人机器人接触到多方面的知识和技术。

"能力风暴"个人机器人是一个开放性的机器人平台，通过添加其他工具和部件可以完成多种工作。利用"能力风暴"个人机器人可以在学生中组织机器人灭火比赛、机器人踢足球比赛、火星探险比赛等，通过比赛可以激发学生强烈的兴趣和好胜心，有利于调动学生的潜能。

为了推动我国机器人事业的发展，提高学生的动手能力，2000 年 10 月 22 日—23 日在湖南长沙举行了首届全国机器人灭火比赛。有来自全国各地的初级组（中学组）和高级组（大学组）共 40 余支队伍参加了比赛。

广角镜

软件及其分类

软件是一系列按照特定顺序组织的计算机数据和指令的集合。一般来讲，软件被划分为编程语言、系统软件、应用软件和介于这两者之间的中间件。软件并不只是包括可以在计算机上运行的电脑程序，与这些电脑程序相关的文档一般也被认为是软件的一部分。简单地说，软件就是程序和文档的集合体。

比赛规则完全采用国际比赛规则，模仿生活中的消防队员灭火，让机器人在 4 间平面结构的模型房间里自主地寻找任意放置的蜡烛，并设法熄灭蜡烛，然后回到出发点。每个队都要尽量快地完成这个过程，以用时少者为胜。比赛竞争激烈，每个机器人都显示出了各自的高招：有的靠碰触墙壁来"感觉"行进路线；有的"摆摆头"就能知道方向；有的在房间门口"一站"就知道里面有没有火源；有的跑来跑去，快接近蜡烛了才能发现。不过也各有各的缺陷，有的机器人总绕着一个

路线不停地转，有的机器人总也找不到目标，有的迅速找到了目标，却总开不了风扇灭火。

参赛队员接触"能力风暴"的时间普遍都不长，他们的任务主要是基于"能力风暴"这个硬件平台上的软件进行编程，这就要求选手要精通计算机硬件、软件等高新技术知识，这是个努力学习、不断探索、反复实践的过程，充分发挥了同学们的动手能力、想象力和创造能力。

◎ 能表达情感的宠物机器人

东京电子通信大学机械控制工程系研制开发出了一种能表达简单情感的宠物机器人。这种机器人的前肢、耳朵和嘴巴都可以用来表达情感，例如高兴、愤怒和吃惊等。各种年龄段的人都能很容易地从这种机器人的动作中理解它要表达的情感。

当与环境相适应的机器人能感知、明白人要求它做什么，并且能对此作出反应，如果这时人能够识别这些反应，就在人和机器人之间建立了相互了解情感和进行交流的可能性，通过引入具有情感的机器人，在人与机器人之间进行意向交流将成为可能，在机器人环境中人们的生活也将会变得更加愉快。

这种宠物机器人的形状像一只呢绒玩具狗，携带很方便，它的腿、耳朵、脖子、嘴和尾巴都能活动。腿、脖子和耳朵都能向四个方向活动，嘴和尾巴能向两个方向活动。为了能和人保持一种亲和关系，这种机器人采用了无线形式并装有两个触摸传感器，通过触摸的方式与人进行通信，将人的要求传递给机器人。在这种机器人的眼睛和头顶还装有音响报警灯，能表达许多其他的情感。

人们可以为这种机器人编程，使它可以表达出 8 种不同的情感，比如高兴、愤怒、吃惊、悲伤、同意、拒绝、叫喊和表示遇到紧急情况。高兴时，机器人就能摇动它的尾巴；愤怒时，它的眼灯就会发亮，身体颤抖。实验表明，10～20 岁的人绝大多数能辨别出机器人的这些情感，辨别高兴情感的准确率为89%，辨别愤怒情感的准确率为79%，叫喊的为67%。因此，可以推断，绝大多数年龄段的人都能正确地理解至少2/3的机器人的情感。

◎书法机器人

到目前为止，中国书法艺术的传播、继承与发展主要是通过对前人的笔迹（通常为碑帖）进行学习和模仿来实现的。在这种学习和模仿的过程中，面对相同的临摹对象，由于书写水平的高低往往因人而异，因此，临摹出来的效果也不一样。

知识小链接

书 法

书法是世界上少数几种文字所具有的一种艺术形式，包括汉字书法、蒙古文书法、阿拉伯文书法等。其中汉字书法，是中国汉字特有的一种传统艺术。从广义上讲，书法是指语言符号的书写法则。换言之，书法是指按照文字的特点及其含义，以其书体笔法、结构和章法写字，使之成为富有美感的艺术作品。

通过分析可以发现，不同的字体（如楷书、行楷及魏碑等）的书写技巧都有其固有的规律性可供遵循。在数字化技术飞速发展的今天，完全可以对书法的书写技巧进行适当的数字化处理，将中国古老的书法艺术与能够集中体现现代高新技术的机电一体化产品——机器人完美地结合起来，利用机器人控制毛笔的空间运动，从而实现机器人书写中国书法。

已经研制出来的一种书法机器人系统主要由以下部分组成：

（1）机器人本体。

（2）机器人控制器。

（3）型号不同的毛笔若干支，以及连续打印纸、墨汁、印泥和印章等附件。

（4）上纸和切纸机构。

（5）机器人书写平台。

（6）电源。

这种书法机器人系统具有一个十分友好的用户界面，以便参观者，特别是中小学生参观者能够顺利地进入和操作该书写系统。该用户界面十分清晰，同时还有语音提示功能。

对于书法机器人系统来说，书法字库的建立是一项十分关键的软件工作，它直接影响着机器人书写的质量。中国的常用汉字有 10 000 余个，在建立字库时，不可能对每一个字，每一个字体单独编程，否则将既浪费时间，又浪费人力，也是极不现实的。

知识小链接

编　程

编程就是让计算机为解决某个问题而使用某种程序设计语言编写程序代码，并最终得到结果的过程。为了使计算机能够理解人的意图，人类就必须要将需解决的问题的思路、方法和手段通过计算机能够理解的形式告诉计算机，使得计算机能够根据人的指令一步一步去工作，完成某种特定的任务。

为此，研究人员首先对汉字的构架进行分析和分类，将常用汉字拆分为基本笔画和基本部首，然后对每一个具体的笔画，针对不同的字体风格，编写具有标准尺寸的机器人书写笔画程序，并作为一个笔画类模块或子程序存储起来。该笔画类模块或子程序留有调节字体大小的参数或成员函数，以便根据不同的尺寸要求自动进行缩放。

其次，对某一字体的常用部首，根据已经编写的相应笔画程序，构建成一个个独立的部首类模块或子程序，以方便对整字的后续编程。同样，部首类模块或子程序也有调节字体大小的成员函数或参数。

最后，针对某一字体中的某一具体的汉字，通过调用已经编制完成的相应的笔画和部首类模块（或子程序）可以构建出该字，该字的大小仍由成员函数或参数来调整。

通过这样的编程，既可以大大减少编程的工作量，又具有组字的灵活性。若要添加新字，只需要用已知的笔画和部首进行适当的组装即可。

书法机器人系统的工作流程及功能如下：

书法机器人系统启动后，参观者在语音的提示下，通过电脑屏幕选择要求机器人书写的内容（该内容必须是机器人书法字库中的文字）。此时，参观者可以选择不同的文字或者诗句，同一个文字又可以选择不同的字体，如楷书、隶书、草书等。

按下"确定"后，机器人根据参观者所选择的书写字数的多少，自动确定字体的大小和版式（横排或竖排），以便能够完整、合理和美观地书写所选文字。然后，机器人根据字体的大小从笔架上选取相应型号的毛笔，并蘸上墨，润笔。

同时，上纸输送系统自动上纸，将空白纸输送到书写位置。

然后，机器人模仿人的书写方法开始书写。在书写过程中的适当时候，机器人能够自动完成润笔等动作。

书写完成后，机器人收笔并将毛笔放回毛笔架上，然后抓取印章，为所书作品盖章。上纸输送系统自动走纸，烘干墨迹，切纸，并将作品从出纸口送出。机器人在表演的整个过程中均为自动运行，无需其他人员的介入。

◎ 鱼形机器人

鱼类仅靠扭动身体，便能在水中悠闲地游来游去，而人类制造的轮船则不得不依靠螺旋桨才能前进。能不能尝试着用另外一种方法，让轮船像鱼一样在水中忽东忽西、自由自在呢？北京航空航天大学机器人研究所研发了一条长0.8米的机器鱼。该机器鱼在一项全新的仿生学研究成果——波动推进下，顺利实现了不用螺旋桨的设想。

这种机器鱼的鱼体是一个平面6关节机构（即有6节鱼身），包括鱼头和鱼尾两个部分。鱼头是利用玻璃钢制作的，仿造鲨鱼外形的壳体。整个鱼的动力电池、控制接收部分都放在鱼头里。鱼尾的 6 个伺服电机扭转摆动作为推动器。

据该项目的设计者与主持人梁建宏介绍，机器鱼重 800 克，在水中最大速度为每秒 0.6 米，能耗效率为 70% 至 90%，控制上采取的是计算机遥控的方式。在各种演示游动的场合中，机器鱼以其逼真的游动姿态，吸引了很多人前来围观，许多人都误以为这是一条真鱼。

该项成果自从 1999 年大学生"挑战杯"拿到一等奖以后，研究一直没有中断，目前该研究小组正在抓紧研究如何使机器鱼更具智能化，以便让多条机器鱼组成群体进行自我协调游动。这种能畅游在水中的机器鱼，将被广泛应用于海洋资源勘探、执行军事任务（它可轻易躲过声呐的探测）和帮助维护海上石油设施等领域，在军事和民用方面都有着广泛的应用前景。这种由螺旋桨到仿生推进的变革，其意义不亚于飞机进入喷气时代。

近年来，在西方发达国家，特别是西方军界纷纷对微小型鱼类的仿生机器人技术的研究和开发给予了越来越多的重视，海洋动物的这种推进方式具有高效率、低噪声、高速度、高机动性等优点，成为人们研制新型高速、低噪声、机动灵活的柔体潜水器模仿的对象。比较突出的实验装置有美国麻省理工学院的"机器金枪鱼"和日本的"鱼形机器人"，而我国在机器鱼的波动推进实验技术方面已经形成了自己的特色。

拓展阅读

声呐的应用

目前，声呐是各国海军进行水下监视使用的主要技术，用于对水下目标进行探测、分类、定位和跟踪；进行水下通信和导航，保障舰艇、反潜飞机和反潜直升机的战术机动和水中武器的使用。此外，声呐技术还广泛用于鱼雷制导、水雷引信，以及鱼群探测、海洋石油勘探、船舶导航、水下作业、水文测量和海底地质地貌的勘测等。

中国的水下机器人

1995 年 7 月的一天，我国南海珠江口，骄阳似火。"大洋一号"考察船如渊海巨鲸停泊在港湾，等待起航。

甲板上，一个身穿橙黄色衣衫、体似鱼雷的钢铁"家伙"，静静地躺着。围绕在它身边的是 20 多名中俄专家，他们手持各种专用工具，正聚精会神地紧张工作着。每一个动作、每一颗螺钉、每一条程序，就像医生为新生儿体检一样认真，一丝不苟，为它进行出征前的最后检查。这就是我国研制成功的水下无缆智能机器人（AUV）。那天，它首次踏上潜入6000米深大洋底的征程。

◎ 下深海难于上青天

国际科学界历来认为：深海潜水探测技术与航天探测技术一样，充满危险和挑战。海水深度每增加 10 米，就会增加一个大气压，每平方厘米单位面积上就增加 1000 克的压力。在 6000 米深的海底，每平方厘米面积上的压力将达到 600 千克。在这个深度上，一些潜艇也会像人踩扁易拉罐一样轻易地被挤扁。宇航员登上月球后，能走出登月舱直接在月球上行走，但深海探险家乘坐深海潜水器到达海底后，却绝不敢"越雷池一步"，只能待在潜水器内

知识小链接

潜 艇

潜艇是一种既能在水面航行又能潜入水中某一深度进行机动作战的舰艇，也称潜水艇，是海军的主要舰种之一。潜艇在战斗中的主要作用是：对陆上战略目标实施袭击，摧毁敌方军事、政治、经济中心；消灭运输舰船、破坏敌方海上交通线；攻击大中型水面舰艇和潜艇；执行布雷、侦察、救援和输送特种人员登陆等任务。

隔着耐压玻璃观察孔窥视海底景色。人只要一走出舱门，海底巨大的压力立即就会将人压成"肉饼"。这压力就像一道地狱之门，阻止探险家跨出潜水器。因此，深海实地勘探的重任就需要具有高智能的水下机器人来担负。

中国水下机器人

深海探测的另一道障碍是"暗无天日"。由于海水吸收阳光，光线在水中的穿透深度是有限的。即使是清澈的海水，在深海中也永远是伸手不见五指的漆黑世界。水下机器人要探测深海海底的奥秘，必须配备能透视夜幕的"火眼金睛"，这就需要功率强大的探照灯。要探测海底世界的化学成分、物理性质、生物种别、多金属矿产等，"火眼金睛"还必须具备多功能探测传感器，才能将周围的景物拍摄记录下来。

海底与陆上通信对话也是一大障碍。航天员远在几百千米，甚至在38万千米外的月球上，都可以通过电视和电话与地面上的家人、朋友见面和交谈。但是无线电波不能深入海水中传播，水下智能机器人无法采用无线电波通信，只能采用声呐联系。因此，要制造一台能独立完成海底探测任务的水下智能机器人，绝不比制造一架航天飞机容易。

尽管下深海之难难于上青天，但科学家们还是以勇于探索自然奥秘的可贵精神，一步步向深海进军。

◎攀登世界技术巅峰

20世纪70年代以来，世界海洋开发事业方兴未艾。海洋勘察和海底资源的开发与利用，不断从大陆架向大陆坡推进。海洋载人和智能型潜水器的下潜深度不断加大。透过刚刚开启的中国大门，我国的科研人员意识到这一技术领域光明的发展前景。历史的使命感和责任感使他们携手攀登世界技术的巅峰。

1980 年，中国船舶科学研究中心开始研制"常压潜水装具"，由从事水下结构力学研究多年的徐芑南担任总设计师。仅几年时间，QSZ – I、QSZ – Ⅱ型的常人常压潜水装置宣告诞生。不久，600 米和 1000 米级的水下机器人也相继研制成功，并在当时达到世界先进水平。

1986 年 3 月，国家开始实施"863 计划"。1992 年 8 月，水下智能机器人被列为"863 计划"自动化研究领域的"重中之重"项目。来自中国船舶科学研究中心、沈阳自动化研究所、哈尔滨工业大学等单位的 100 多名科学家，在"6000 米水下智能机器人"总设计师徐芑南的带领下，团结协作，刻苦攻关，短短 4 年时间，便完成了水中通信、高压密封、信号采集、自主航行控制和动力供应等系统的数项高、精、尖科研成果。其中，由中国船舶科学研究中心高级工程师吴幼华等设计的"回流型单向推力器"为国际首创。参与我国水下智能机器人合作研究的俄罗斯科学院专家阿格耶夫等，曾将俄罗斯科学院研制的 3 个推力器与我国研制的"回流型单向推力器"进行对比试验。结果表明，后者比前者的推力高出 17%。

拓展阅读

大陆向海洋的延伸——大陆架

大陆架是大陆向海洋的自然延伸，通常被认为是陆地的一部分。它是指环绕大陆的浅海地带。大陆架含义在国际法上，指邻接一国海岸但在领海以外的一定区域的海床和底土。沿岸国有权为勘探和开发自然资源对其大陆架行使主权权利。大陆架有丰富的矿藏和海洋资源，已发现的有石油、煤、天然气、铜、铁等二十多种矿产，其中已探明的石油储量是整个地球石油储量的三分之一。

知识小链接

俄罗斯科学院

俄罗斯科学院于 1724 年在圣彼得堡成立。1917 年，俄国十月革命胜利后，俄罗斯科学院成为国家科学组织，并于 1925 年更名为苏联科学院。1991 年，前苏联解体，苏联科学院重新更名为俄罗斯科学院。俄罗斯科学院是俄罗斯联邦的最高学术机构，是主导全国自然科学和社会科学基础研究的中心。

◎ 高科技的结晶

目前，世界上只有美、俄、法、日等少数几个发达国家拥有水下智能机器人。1994 年，我国研制成功的"探索者"号水下智能机器人，其技术指标在当时达到了国际最先进水平。

1994 年深秋，在我国西沙群岛附近海域的试验表明，"探索者"号水下智能机器人功能齐全，可在指定海域搜索目标并记录数据和声呐图像，可对失事目标进行观察、拍照和录像，确定目标位置、状态和特征标记，实现搜索自主航行或预编程航行，并能自动回避水下障碍。它还具有水下通信能力，可将所需的数据和图像及时送至水面监控台上显示，还可对失事海域主要海洋要素进行测量，提供分析结果。此外，它还能在勘测海底地形和剖面，进行海洋地质、生物、化学、物理和海洋声学考察等方面大显身手。

水下无缆智能机器人（AUV）更是现代高科技的结晶。它由载体系统、电控系统、声学系统、水面支持和高效能源系统等组成。它涉及自动驾驶、水声通信、图像压缩与处理、定位导航与控制、计算机体系结构、多传感器融合、人工智能、高效能流体动力学与深潜技术、水面收放技术等多项高科技技术。如今，科研人员要求它像孙悟空一样，会念"避水咒语"，潜入6000米深的海底"龙宫"，完成太平洋洋底多种金属矿产的探测工作。

◎ 遨游"龙宫"

1995年8月21日，"大洋一号"考察船来到太平洋赤道附近。在联合国划给我国进行探测的15万平方千米深水区域，我国水下智能机器人就在这里深潜水下6000米，从而创造了我国海洋深潜的新纪录。

在这个深度上，机器人将承受600个大气压，即每平方厘米承受600千克的压力。在那里，2~3毫米厚的钢板筒会像鸡蛋壳一样被挤碎。

瞧！我们的水下机器人下海了，它像敏捷的鱼儿一样向海底游去。这时，考察船上的所有人员都围在水下声呐电视监视屏前，密切注视它的一举一动。当水下机器人潜入6000米深时，前面突然出现了一个暗礁。可是，它却巧妙地闪了过去。原来，水下无缆智能机器人（AUV）的声呐"火眼金睛"在没有一丝光线的海底，依然可以"明察秋毫"。躲过暗礁后，它又按原定航线继续航行。

即使它游到更广的领域，离开海面船只的监视范围，人们也没有必要担心它会失踪。它会用"声呐语言"随时向水面船只报告它的踪迹和方位。途中它还可以根据人们的需要或摄录，或拍照，并通过声呐传递到海面的水下声呐电视监视屏上，让人一览无遗。

1996年元旦前夕，中央电视台播放了这位海底"摄像大师"的杰作。许多观众在电视屏幕上看到了6000米深的海底世界，连海床上分布密集的锰结核（多金属矿石）也清晰可辨。水下无缆智能机器人（AUV）圆满完成了太平洋洋底多种金属矿的探测任务。这表明，我国已具备了详细探测占全球海洋总面积97%的海域的能力。我国已经一举成为世界上拥有此类设备和技能的为数甚少的国家之一。

形形色色的机器人

　　随着计算机技术和人工智能技术的飞速发展，机器人在功能和技术层次上有了很大的提高，机器人的视觉、触觉等技术就是典型的代表。由于这些技术的发展，推动了机器人概念的延伸。20 世纪 80 年代，人们将具有感觉、思考、决策和动作能力的系统称为智能机器人，这是一个概括的、含义广泛的概念。这一概念不但指导了机器人技术的研究和应用，而且赋予了机器人技术向更深更广发展的巨大空间，水下机器人、空间机器人、空中机器人、地面机器人、微小型机器人等各种用途的机器人相继问世，许多梦想成为现实。

农业好帮手——农业机器人

◎ 机器人为农民而造

由于机械化、自动化程度比较落后，"面朝黄土背朝天，一年四季不得闲"曾经是我国农民的写照。我国是一个农业大国，约一半的人口是农民，人均土地面积非常少，所以农业机械化、自动化的需求似乎不像发达国家那么迫切。

广角镜

劳动生产率的表示方式

劳动生产率是指劳动者在一定时期内创造的劳动成果与其相适应的劳动消耗量的比值。劳动生产率水平可以用同一劳动在单位时间内生产某种产品的数量来表示，单位时间内生产的产品数量越多，劳动生产率就越高；也可以用生产单位产品所耗费的劳动时间来表示，生产单位产品所需要的劳动时间越少，劳动生产率就越高。

在日本、美国等发达国家，农业人口较少，随着农业生产的规模化、多样化、精确化，劳动力不足的现象越来越明显。许多作业项目如蔬菜、水果的挑选与采摘等都是劳动力密集型的工作，再加上时令的要求，劳动力问题很难解决。正是基于这种情况，农业机器人应运而生。使用机器人有很多好处，比如可以提高劳动生产率，解决劳动力的不足；改善农业的生产环境，防止农药、化肥等对人体的伤害；提高作业质量等。随着信息化时代的到来和设施农业、精确农业的出现，一向被视为落后的农业生产方式也必将乘上现代化的快车，而农业的新发展尤其离不开生物工程与信息化，在这方面，机器人具有得天独厚的能力。

在农业机器人的研究方面，目前日本、美国居于世界领先地位。但是由于农业机器人所具有的技术和经济方面的特殊性，其应用还没有普及。农业机器人有如下的特点：

（1）农业机器人一般要求边作业边移动。

（2）农业领域的行走不是连接出发点和终点的最短距离，而是具有狭窄的范围，较长的距离及遍及整个田间表面的特点。

（3）使用条件变化较大，如气候影响，道路的不平坦和在倾斜的地面上作业等问题。

农业拖拉机机器人

（4）价格问题，工业机器人所需大量投资由工厂或工业集团支付，而农业机器人以个体经营为主，如果不是低价格，就很难普及。

（5）农业机器人的使用者是农民，不是具有机械电子知识的工程师，因此要求农业机器人必须具有高可靠性和操作简单的特点。

现在已开发出来的农业机器人有：耕耘机器人、施肥机器人、除草机器人、喷药机器人、蔬菜嫁接机器人、收割机器人、蔬菜水果采摘机器人、林木修剪机器人、果实分拣机器人等。

◎ 畜养机器人

养殖业采用自动化技术，可以进行饲料的自动粉碎、自动配比、自动磨制、自动混合、自动运装、自动喂食、自动检测、自动控温、自动消毒、自动报警等。自动化养殖不但可以提高产量，而且可以提高质量。我们还是先来看一个例子吧。

在农场里，研究人员、兽医、畜牧员，还有记者，正在共同对由莫斯科戈里亚奇金农业生产工程学院制造的"铁农民"MAR－1型机器人进行考试。题目是安全地将一群小猪转移出猪圈，然后消毒、清扫空出的猪圈。

把控制台上的电钮一按，它就神态自若地走进猪栏内，用"眼睛"（摄像机）环视四周，并且很有经验地伸出铁手抚摸小猪的头，还给小猪洗身子。小猪很快安静了下来，对这铁家伙不怕了，有的还跟在它的后面，有一个小猪还咬坏了它铁胳膊上的橡皮手套呢。"铁农民"与小猪"熟"了之后，它就发出命令，赶小猪到另外一个圈栏中去。接着它很稳健地走到放桶的屋角，用一只手的橡皮手指抓住水桶的边缘，另一只手伸到桶底取抹布去擦拭墙壁。它用氢氧化钠溶液和福尔马林对圈舍进行消毒。这次考试，它得了优。

用这样的机器人能完成诸如起肥垫圈、清洗畜舍、饮水喂料、消毒防病、监视畜舍温度和湿度、检查牲畜的健康状况、制止牲畜打架等工作。有趣的是，如果牲畜是打着玩，机器人会吆喝几声将它们分开；如果是打生死架，机器人则打开冷水枪，用冷水浇头的方法予以制止。

世界上畜养机器人已获得了广泛的应用。澳大利亚研制出能代替人剪羊毛的机器人。剪羊毛是非常艰苦的劳动，用机器人剪羊毛又快又好。剪羊毛机器人外形并不像人，像一个多手的怪物。它用一只手按住羊的头部，用四只（或两只）手按住羊的腿和尾巴，把羊按在专用的台子上，用两只手拿起剪子，贴着羊的身子飞快地剪起来。羊有大有小，有肥有瘦，机器人的手能够自动调节剪子的角度和高度。若是羊乱动，机器人感觉器官能够感觉出这些变化，把信号传递给电脑，再由电脑发出命令，自动调节手的位置，保证剪子总是贴着羊的皮肤，而不致伤着羊的皮肉。机器人还有一只手，能把剪下的羊毛分门别类地送到指定地点。

在养猪场，一头母猪多时一胎可产 17 头小猪仔，刚生下的小猪仔因为吃不上奶而死去的占 15% ~ 20%。为解决这一问题，加拿大的专家弗兰克·赫尼克制造了一个机器母猪，加拿大农业公司又用了几年时间花了 100 万美元，精心改进了这台机器母猪。机器母猪的外形不像猪，是一个光亮的蓝色盒子，盒子内装有人造的猪奶。每隔 1 小时，机器母猪就发出断断续续的呼噜声，把小猪仔唤醒，同时从盒子里伸出 8 个奶头。它的顶部有灯，由这些灯把机器母猪烘热，再由电脑按程序把奶头加热，并把温奶进行分配，以便让小猪仔吃。在小猪仔吃奶时，机器母猪能发出像真正的母猪的声音，引诱小猪仔吃奶。小猪仔吃完奶，灯就熄灭，小猪仔就去玩耍或睡觉了。机器母猪还能用水给小猪仔洗澡。100头小猪仔配一头这样的机器母猪，使小猪仔死亡率大大地减少了，一年内就可以收回它的制造成本。

畜养机器人

◎ 嫁接机器人

嫁接机器人技术，是一种集机械、自动控制与园艺技术于一体的高新技术，它可在极短的时间内，把蔬菜苗茎杆直径为几毫米的砧木、接穗的切口嫁接为一体，使嫁接速度大幅度提高，同时由于砧木、接穗接合迅速，避免了切口长时间氧化和苗内液体的流失，从而又可大大提高嫁接成活率。因此，嫁接机器人技术被称为嫁接育苗的一场革命。

从1986年起日本开始了对嫁接机器人的研究，以日本"生物系特定产业技术研究推进机构"为主，一些大的农业机械制造商参加了研究开发，其成果已开始在一些农协的育苗中心使用。由于看到了蔬菜嫁接自动化及嫁接机器人技术在农业生产上的广阔前景，日本一些实力雄厚的厂家如三菱等也竞相研究开发

广角镜

嫁接的原理

嫁接，植物的人工营养繁殖方法之一，即把一种植物的枝或芽，嫁接到另一种植物的茎或根上，使接在一起的两个部分长成一个完整的植株。嫁接是利用植物受伤后具有愈伤的机能来进行的。嫁接时，把两个伤面的形成层靠近并扎紧在一起，结果因细胞增生，彼此愈合成为维管组织连接在一起的一个整体。

拓展阅读

嫁接的意义

嫁接对一些不产生种子的果木（如柿、柑橘的一些品种）的繁殖意义重大。嫁接既能保持接穗品种的优良性状，又能利用砧木的有利特性，达到早结果、增强抗寒性、抗旱性、抗病虫害的能力，还能经济利用繁殖材料，增加苗木数量。嫁接常用于果树、林木、花卉的繁殖上，也用于瓜类蔬菜育苗上。嫁接分枝接和芽接两大类，前者以春秋两季进行为宜，其中春季成活率较高，后者以夏季进行为宜。

了自己的嫁接机器人，嫁接对象涉及西瓜、黄瓜、西红柿等。总体来讲，日本研制开发的嫁接机器人有较高的自动化水平，但是，机器体积庞大，结构复杂，价格昂贵。20世纪90年代初，韩国也开始了对自动化嫁接技术的研究，但其研究开发的技术，只是完成部分嫁接作业的机械操作，自动化水平较低，速度慢，而且对砧木、接穗的粗细程度有较严格的要求。在蔬菜嫁接育苗配套技术方面，日本、韩国已生产出专门用于嫁接苗的育苗营养钵盘。在欧洲，农业发达国家如意大利、法国等，蔬菜的嫁接育苗相当普遍，大规模的工厂化育苗中心全年向用户提供嫁接苗。

1997年，我国设施栽培面积达到120万公顷，成为世界上最大的设施栽培国家，特别是以日光温室为代表的具有中国特色的保护地蔬菜栽培和塑料大棚的发展尤为迅速。它缓解了蔬菜淡季的供需矛盾，同时也成为我国农民致富的重要途径。但由于蔬菜的生物特性和生长环境特性，连茬病害和低温障碍一直是严重影响设施蔬菜生产的主要问题。对这些病害的防治，无论是选育抗

嫁接机器人

病品种，或是施用药剂，防治效果都不够理想。

20 世纪 80 年代初期，出现了把黄瓜、西瓜嫁接到云南黑籽南瓜上的栽培方法，提高了抗病和耐低温能力。实践证明，嫁接是目前克服设施瓜菜连茬病害和低温障碍的最有效方法。

除了黄瓜、西瓜外，通过嫁接，茄子、青椒、西红柿都可明显地防止土传病害，如枯萎病、黄萎病、青枯病的发生。嫁接苗根系发达，具有抗逆、壮根、增强植株长势、延长生长期与减轻地表上部病害的优点，可大幅度增产。因此，大力推广嫁接栽培技术，对我国日光温室、大棚等设施园艺蔬菜栽培具有十分重要的意义。

知识小链接

温 室

　　温室又称暖房，能透光、保温（或加温），是用来栽培植物的设施。在不适宜植物生长的季节，它能提供生育期和增加产量，多用于低温季节喜温蔬菜、花卉、林木等植物的栽培或育苗等。温室依不同的屋架材料、采光材料、外形及加温条件等可分为很多种类，如玻璃温室、塑料温室；单栋温室、连栋温室；单屋面温室、双屋面温室；加温温室、不加温温室等。温室结构应密封保温，但又应便于通风降温。现代化温室中具有控制温湿度、光照等条件的设备，用电脑自动控制创造植物所需的最佳环境条件。

嫁接苗的砧木苗直径一般有 3~4 毫米，接穗苗直径只有 1~2 毫米，加之幼苗脆嫩细弱，所以嫁接起来很耗费精力。而且，每个人所掌握的嫁接技术要领、手法及熟练程度不同，难以保证高嫁接质量和高成活率。由于费工费时，在有些地区，又出现了放弃嫁接栽培的现象，取而代之的是大量施用农药、杀虫剂、杀菌剂。这样，不但造成了资财浪费，更严重的是污染了蔬菜，破坏了环境，对人类健康构成威胁。蔬菜的手工嫁接，效率低、劳动强度大、嫁接苗成活率低，已远远不能适应我国农业生产的要求。因此，在我

国发展机械化、自动化的嫁接技术势在必行。

中国农业大学率先在我国开展了自动化嫁接技术的研究工作，先后研制成功了自动插接法、自动旋切贴合法嫁接技术，填补了我国自动化嫁接技术的空白，形成了具有我国自主知识产权的自动化嫁接技术。如利用传感器和计算机图像处理技术，实现了嫁接苗子叶方向的自动识别、判断。嫁接机器人能完成砧木、接穗的取苗、切苗、接合、固定、排苗等嫁接过程的自动化作业。操作者只需把砧木和接穗放到相应的供苗台上，其余嫁接作业均由机器自动完成，从而大大提高了作业效率和质量，减轻了劳动强度。嫁接机器人可以进行黄瓜、西瓜、甜瓜苗的自动嫁接，为蔬菜、瓜果自动嫁接技术的产业化提供了可靠条件。

目前，我国各地农村正在积极调整种植结构。北京、上海、广州、沈阳等城市率先建立起工厂化农业高效示范园区。一些大规模的嫁接育苗场，只有通过高速、高质、自动化的嫁接机器人技术才能在短时间内完成优质的商品化嫁接生产。可以说，我国蔬菜、瓜果的生产和设施农业技术的发展已经具备了大力发展自动嫁接机器人技术的基础和条件，因此，发展自动化嫁接技术，有利于高新技术迅速转化为生产力，推动我国农业现代化的跨越式发展。

◎ 林木球果采集机器人

在林业生产中，林木球果的采集一直是个难题，国内外虽已研制出了多种球果采集机，如升降机、树干振动机等，但由于这些机械本身都存在着这样或那样的缺点，所以没有被广泛使用。目前在林区仍主要采用人工上树手持专用工具的方式来采摘林木球果，这样不仅工人劳动强度大，作业安全性差，生产率低，而且对母树损坏较多。为了解决这个问题，东北林业大学研制出了林木球果采集机器人。该机器人可以在较短的林木球果成熟期大量采摘种子，对森林的生态保护、森林的更新以及森林的可持续发展等方面都有重要的意义。

林木球果采集机器人由机械手、行走机构、液压驱动系统和单片机控制系统组成。其中机械手由回转盘、立柱、大臂、小臂和采集爪组成，整个机械手共有 5 个自由度。在采集林木球果时，将林木球果采集机器人停放在距母树 3～5 米处，操纵机械手回转马达使机械手对准其中一棵母树，然后单片机控制系统控制机械手大臂、小臂同时柔性升起达到一定高度，采集爪张开并摆动，对准要采集的树枝，大臂、小臂同时运动，使采集爪沿着树枝生长方向趋近 1.5～2 米，然后采集爪的梳齿夹拢果枝，大臂、小臂带动采集爪按原路向后捋回，梳下枝上的球果，完成一次采摘，然后再重复

林木球果采集机器人

上述动作。连捋数枝后，将球果倒入拖拉机后部的集果箱中。采集完一棵树，再转动机械手对准下一棵。

试验表明，这种球果采集机器人每台能采集落叶松果 500 千克，是人工上树采摘的 30～35 倍。另外，更换不同齿距的梳齿则可用于各种林木球果的采集。这种机器人采摘林木球果时，对母树破坏较小，采净率高，对森林生态环境的保护及林业的可持续发展十分有益。

知识小链接

升降机

升降机是指在垂直上下通道上载运人或货物升降的平台或半封闭平台的提升机械设备或装置，是由平台以及操纵它们用的设备、马达、电缆和其他辅助设备构成的一个整体。

◎ 伐根清理机器人

伐根清理机器人

我国是一个少林的国家，森林覆盖率约为 20%，远远低于世界林业发达国家水平。为克服我国的森林资源危机，改进森林资源利用，充分发挥林地效益，其重要途径是：

（1）充分利用森林采伐剩余物。

（2）培育优质工业用材林。

在采伐剩余物中，伐根占有相当大的比重。伐区的伐根蓄积量很大，用途十分广泛（伐根可用于硫酸盐纸浆生产、微生物工业和制造木塑料等）。将伐根取出利用，经济效益极为可观。伐根清除后的林地易于人工更新造林，并可以清除繁殖在伐根上损害树木的病虫害。在我国原始林区和人工林中，伐根清理很少，一般留在采伐迹地任其腐朽，所以伐根清理是高效地利用伐区剩余物和伐区迹地更新造林的关键。

目前，在我国伐根清理中应用的各种方式、方法都存在着劳动强度大、作业安全性差、经济效益低、环境生态效益差等问题。国外的伐根清理机械的共同特点是功率大但价格昂贵，国内无法引进推广。为了解决这个问题，针对国内外伐根清理机械的情况，结合我国的国情和林情，东北林业大学研制了一种对地表

你知道吗

世界上最小的微生物

支原体是一类介于细菌和病毒之间的单细胞微生物，为地球上已知的能独立生活的最小微生物。支原体一般都是寄生生物，其中最有名的当属肺炎支原体，它能引起哺乳动物特别是牛的呼吸器官发生严重病变。

破坏程度小、伐根收集率高、清除伐根程度符合森林更新要求、对环境没有污染的智能型伐根清理机器人。使用智能型伐根清理机器人，在一个停靠位置，即可清理半径 8 米范围内的伐根，是人工挖根的 50 多倍，同时地表坑径小，利于造林，减少了采伐迹地水土流失，减轻了劳动强度，保证安全作业，有显著的经济效益、生态效益和社会效益。

智能型伐根清理机器人主要由行走机构、机械手、液压驱动系统和控制系统等组成。其中机械手安装在具有行走功能的回转平台上，由回转盘、大臂、小臂和旋切提拔装置组成。为能实现在各种不同坡度、地形进行伐根清理，机械手具有 6 个自由度。旋切提拔装置由万能切刀、提拔筒、四爪抓取机构等组成，在液压系统的驱动下可以实现各种俯仰、旋转、抓取。该机器人的驾驶室内利用摄像机镜头和显示器组成实时监控系统对作业目标进行搜索，操作人员在机器人驾驶室内即可进行伐根清理作业。

> ### 你知道吗
>
> #### 生态效益
>
> 生态效益是指人们在生产中依据生态平衡规律，使自然界的生物系统对人类的生产、生活条件和环境条件产生的有益影响和有利效果，它关系到人类生存发展的根本利益和长远利益。生态效益的基础是生态平衡和生态系统的良性、高效循环。农业生产中讲究生态效益，就是要使农业生态系统各组成部分在物质与能量输出输入的数量上、结构功能上，经常处于相互适应、相互协调的平衡状态，使农业自然资源得到合理的开发、利用和保护，促进农业和农村经济持续、稳定发展。

使用智能型伐根清理机器人对促进人工更新造林和保护生态环境具有现实的意义和实用价值。该机器人在林业生产、城市建设绿化、输变电线路改造与建设等方面具有广阔的应用前景。

◎ 采摘水果机器人

在日本，农业劳动力老龄化和农业劳动力不足的问题十分突出，为了解决这一问题，日本开发出了一系列具有不同用途的农业机器人，这其中就包括采摘水果的机器人。这种机器人有它自身的特点：它们一般是在室外工作，作业环境较差，但是在精度上却没有工业机器人那样要求高；这种机器人的使用者不是专门的技术人员，而是普通的农民，所以技术不能太复杂，而且价格也不能太高。这里就以一种西瓜收获机器人为例来介绍。

一般的机器人多数是采用电气驱动，但是为了降低成本，这种西瓜收获机器人却是采用油压驱动，比以蓄电池为动力源的电气驱动要经济得多。这种机器人没有使用价格相对较高的高精度油压控制马达，而是采用了油缸控制，这样做也降低了机器人的成本。

作为动力源的内燃发动机驱动 2 台油压泵，其中的一台是用于驱动机械手，另一台是为操纵行走车辆的方向盘以及驱动制动器的控制油缸，它比前一台的压力要大得多。

机械手是由 4 个机械手指所组成的系统，在手指的尖端装有滑轮。当机械手抓拿西瓜时，机械手从西瓜上面降下，手指的滑轮沿西瓜表面边滑动边下降，当到达最下端时就停止；上升时，利用西瓜自身的重量，使机械手自锁，利用这种方式来抓取西瓜。这种机械手不需要复杂的控制系统，同时也适合于定位不准的情况，而且也比较容易操作。试验结果表明，当机械手的中心与西瓜的中心的偏离不超过 54 毫米时，机械手都能抓住西瓜。当手指尖端的滑轮沿西瓜表面向下滑动时，利用手指关节的动作可以得出西瓜的大小，利用手上附加的力传感器可以得出西瓜的重量，误差仅仅在 2% 以内。这样就可以在现场对西瓜进行初步的分级，另外也可以根据力的变化判断是否抓住了西瓜。

由于西瓜的果实和枝叶的颜色相同，而且成熟与没有成熟的西瓜的果实颜色也相同，这就给西瓜检测带来了困难，因此要根据西瓜的挂果日期（开花日期）的不同，放置直径为 40 毫米左右的不同颜色的标志球，这样就可以根据标志球的颜色和位置正确判断西瓜的位置和成熟情况，为了正确判断，对标志球的颜色和种类要有一定的限制。

对这种采摘西瓜机器人进行收获西瓜的作业试验，得到的结果比较理想，由于有位置误差，机械手抓到的西瓜占西瓜总数的 76.5% 。对于一般的农业机器人，能达到这样的标准已经是很不错的了。

◎ 移栽机器人

种子种到插盘以后，长出籽苗，直到它们生出根来，再将其重新栽到乙烯盆或其他的盆里，这种作业叫作移栽。在日本，人们广泛采用软的乙烯盆，并将其装入容器内，以便于装卸和转运。移栽的目的是保证适当的空间，以促进植物的扎根和生长。

移栽虽然很简单，但是需要大量的手工作业，而且很费时。人工移栽的平均速度是每小时800～1000棵，但连续工作会使人疲劳，很难长久保持高效率。

现在研制出来的移栽机器人有两条传送带，一条用于传送插盘，另一条用于传送盆状容器。移栽机器人其他的主要部件是插入式拔苗器、杯状容器传送带、漏插分选器和插入式栽培器。

这种机器人的工作过程如下：用拔苗器的抓手将插盘中的籽苗拔出，放在穿过插盘传送带移动到盆传送带上的一排杯状容器内。在杯状容器移动的同时，

拓展阅读

传送带的由来

17世纪，美国开始应用架空索道传送散状物料；1868年，在英国出现了皮带式传送带输送机；1887年，在美国出现了螺旋输送机；1905年，在瑞士出现了钢带式输送机；1906年，在英国和德国出现了惯性输送机。此后，传送带输送机受到机械制造、电机、化工和冶金工业技术进步的影响，不断完善，逐步由完成车间内部的传送，发展到完成在企业内部、企业之间甚至城市之间的物料搬运，成为物料搬运系统机械化和自动化不可缺少的组成部分。

由光电传感器探测有无缺苗，探测之后，栽培器的抓爪只拿起籽苗。每个栽

移栽机器人

培头分别接近一只杯，在所有栽培头都夹住籽苗之后，所有栽培头同时栽培籽苗，确保无空盆，最大栽培速度为每小时 6000 棵。

该机器人是第一台能识别缺苗的机器人。因为在许多情况下，种子的发芽率只有 60% ～ 70% 。利用这种机器人，栽培者只移栽真实的籽苗，并使全部籽苗都移栽到盆里，减少寻找和填充空盆的必要。

在开发传感系统时，最初只采用光电传感器、发射机和接收机。当杯中的植物从发射器与接收器之间经过时，如果光线被茎或叶子挡住，就可以断定真实的苗在杯中。传感器可以上下调整以改变拒绝低于标准的劣苗的阀门，通过杯传送带的转动将劣苗抛在废料箱中。由于它能在不停止运动的情况下进行探测，所以这是最为简单、快速和经济的方法。

最理想的是缩小杯子之间的间隔和加速杯子传送带的转动。但杯子靠的太近，即使杯中没有真实的籽苗，也可能会因为下一杯中的叶子挡住光线而判断错误，因此不可能使杯子靠得比叶子的长度更近。通过用许多花苗进行实际实验，把杯子间的间隔和控制宽度定为 51 毫米是理想的。

采用激光传感器时，探测范围为 30 毫米，与杯子的直径相似，探测精度提高了，但同时成本也提高了。

采用一个光电传感器探测杯子，另一个探测苗，这样籽苗就与杯子同时被探测到，虽然为了提高使用精度需要进行一些改进，但几乎可以得到与用激光传感器一样的精度，并且比其更经济。

移栽是一种很简单的，但也是很细致和很费时的工作。

移栽机器人可以很容易地与其他设备连在一起使用，如盆输送机和填土机。另一方面，该机器人的用户要重新设计苗圃的作业程序。一般的作业程序未必适合使用这种移栽机器的新的程序。形成根球是用机器人移栽必不可少的，因此要比用人工移栽的植物培育时间更长些。同时还必须改变土壤成分，以使根球形成最佳化。

◎ 自动挤牛奶系统

日本最近成功开发出了自动挤牛奶系统，这个系统包括以下几个部分：

（1）自动挤牛奶机器人。该机器人能够在规定的轨道上移动，在机器人上装有能够检测牛乳头位置的专用传感器和能够安放挤奶杯的机械手。

（2）挤奶室。挤奶作业一般在挤奶室中进行，系统中一般有 2～3 间挤奶室。

（3）中央电脑。它不但控制自动挤牛奶机器人的动作，而且存储有各头奶牛的相关数据。

当到了预定的挤奶时间系统会自动开始挤奶工作。系统的工作过程是这样的。

首先挤奶室的后门打开，引导奶牛进入空的挤奶室，每头奶牛的脖子上都有 ID 标签，系统根据 ID 标签识别奶牛的编号，从而在中央电脑的数据库中查出奶牛的生长数据，并根据此数据调整挤奶室中前面饲料槽的位置，使奶牛的臀部正好对准挤奶室的后部，这样做就可以使得奶牛的乳头位置大致相同，便于安放挤奶杯。

挤奶机器人

在奶牛进入到挤奶室之后，自动挤牛奶机器人开始在轨道上移动，靠近奶牛，然后通过安放在机械手上的传感器检测出乳头的精确位置，安放好挤奶杯。当挤奶杯安放完毕后，还要通过传感器再次检测杯内是否确实有乳头以及乳头的位置是否合理，如果不符合要求，还要重新安放挤奶杯。确认无误后，杯内的喷嘴开始喷温水，清洗牛的乳头。在清洗牛的乳头时还要进行十分钟的预挤，清洗的水和预挤的牛奶经过导管引至排水箱中排除，此后，自动挤牛奶机器人开始正式的挤奶，导管转移至积奶箱。对积奶箱中的牛奶还要检测其电气传导度，用来判断奶牛是否患有乳房炎（因为当奶牛患有乳房炎时，牛奶中的电解质增加，传导性增强）。

知识小链接

奶牛乳房炎

奶牛乳房炎是指奶牛乳房实质、间质的炎症。该病多由机械性刺激、病原微生物侵入及化学物理性损伤所致。其类型分为浆液性乳房炎、纤维素性卡他乳房炎、化脓性乳房炎、出血性乳房炎、坏疽性乳房炎和隐性乳房炎等。

到达挤奶终了时间，机械手自动拿下挤奶杯，自动挤牛奶机器人移向其他挤奶室中的奶牛，重复上述步骤。这时，这个挤奶室中的饲料箱返回初始位置，然后打开挤奶室的前门，奶牛走出，准备下一头进入。

电脑在系统中不但进行控制，还会对奶牛进行管理。例如，在相应的时间中如果挤奶量与预测量相差过大，则要发出警告，要检查奶牛的健康情况，对有病的奶牛的牛奶要扔掉。

由于自动挤牛奶机器人的作业对象是奶牛，有些参数是不断变化的，所以电脑中的数据要不断地更新，以便在安装挤奶杯时参考。另外，产奶时间、产量等数据也要经常更新。

采用了自动挤牛奶系统以后，工作人员的体力劳动大大减轻了，节省了劳动力，而且还使牛奶的产量增加了 15% 左右，具有很高的经济价值。

◎ 喷农药机器人

为了防治树木的病虫害，就要给树木喷洒农药，为了改善劳动条件，防止农药对作业人员的毒害，日本开发出了喷农药机器人。

这种机器人的外形很像一部小汽车，机器人上装有感应传感器、自动喷药控制装置（就是一台能处理来自各传感器的信号以及控制各执行元件的计算机）以及压力传感器等。

在果园内，沿着喷药作业路径铺设感应电缆，对于栽苹果树这样的果园，是把感应电缆铺设在地表或者是地下（大约 30 米深的地方），而对于像栽种葡萄等的果园，则把感应电缆架设在空中（地上 150～200 米）。考虑到果树的距离，相邻电缆的距离最小为 1.5 米左右，电缆的长度则受信号发送机功率以及电缆电阻的限制。工作时，电缆中流过由发送机发出的电流，在电缆周围产生磁场。喷农药机器人上的控制装置根据传感器检测到的磁场信号控制喷农药机器人的走向。

喷农药机器人在作业时，不需要手动控制，能够完全自动对树木进行喷药。喷农药机器人控制系统还能够根据方向传感器和速度传感器的输出，判断是直行还是转弯，而在转弯时，在没有树木的一侧喷农药机器人能自动停止喷药。如果转弯时两边有树木也可以根据需要解除自动停止喷药功能。在喷药作业时，当药罐中的药液用完时，喷农药机器人能自动停止喷药和行走。在作业路径的终点，感应电缆铺设成锐角形状，由于磁场的相互干扰，感应传感器就检测不到信号，于是所有功能就会停止下来。当喷农药机器人的自动功能解除时，还可以利用遥控装置或手动操作运行，把喷农药机器人移动到作业起点或药液补充地点。

喷农药机器人在工作时的安全是十分重要的，这个机器人在前端装有 2 个障碍物传感器（就是一种超声波传感器），可以检测到前方 1 米左右距离的情况，当有障碍物时，行走和喷药均停止；喷农药机器人前端还装有接

你知道吗

磁　场

磁场是电流、运动电荷、磁体或变化电场周围空间存在的一种特殊形态的物质。

123

触传感器，当喷农药机器人和障碍物接触时，接触传感器发出信号，动作全部停止；在喷农药机器人左右两侧还装有紧急手动按钮，当发生异常情况时，可以用紧急手动按钮紧急停止。另外当信号发送机出现故障，感应电缆断线或者喷农药机器人偏离感应电缆时，由于感应传感器检测不到磁场信号，喷农药机器人就会自动停止。这些功能在喷农药机器人作业时，保证了喷农药机器人和周围环境的安全。

由于使用了喷农药机器人，不仅使工作人员避免了农药的伤害，还可以由一人同时管理多台喷农药机器人，这样也就提高了生产效率，所以这种机器人将会有更大的发展。

◎ 牧羊犬机器人

现在，美国西尔索研究院（SRI）进行了一项研究，其目的是研究机器人与动物如何以最自然的方式相处。最近的研究结果表明，动物对机器人的反应良好，它们感到机器人比人和其他动物对它们的威胁要小得多。尽管有些动物经常与机器人接触，例如现在就有挤牛奶的机器人，但是使动物在与机器人的相处过程中尽可能地放松仍然是十分重要的。

在研究过程中，研究人员研制出了一种自主机器人，这种机器人能够进入鸭子的活动场所，将鸭群赶到一起，并且能将它们安全地赶到目的地。这是世界上首次进行这方面的实验。以前没有任何的机器人系统能够控制动物的行为，同时也没有任何设计这种机器人的方法。研究人员不准备用牧羊犬机器人代替现实中的牧羊犬，但是，牧羊犬机器人的牧羊任务能被看成是一个机器人与动物相处得很好的例子。这个实验之

牧羊犬机器人

所以选择鸭子，而不是用羊进行试验的主要原因是要更方便地进行小规模的试验。

　　这个牧羊犬机器人项目(RSP)是由 SRI 和布里斯托尔大学、利兹大学、牛津大学共同进行的。这个多学科的研究项目涉及到机器人制造、机器人视觉、行为建模和个体生态学等领域。为了避免在实验过程中总是使用动物所带来的不便，研究小组建立了一种基于群体特性的最小通用模型——仿真鸭子，并将其集成到场地与机器人的计算机仿真中。仿真鸭子只突出鸭子的一种行为。通过仿真器进行实验，设计出了牧羊犬机器人的控制程序，它控制牧羊犬机器人以正确的方式赶拢鸭子。最后的结果表明，用真正的机器人和鸭子进行的试验是成功的。

拓展阅读

生态学及其研究对象

　　生态学是德国生物学家恩斯特·海克尔于 1869 年定义的一个概念：生态学是研究生物体与其周围环境（包括非生物环境和生物环境）相互关系的科学。目前，它已经发展为"研究生物与其环境之间的相互关系的科学"，有自己的研究对象、任务和方法的比较完整和独立的学科。系统论、控制论、信息论的概念和方法的引入，促进了生态学理论的发展。

　　牧羊犬机器人的外表是一个带有轮子的垂直的圆柱体，可以方便地在室外的草坪上运动。这种机器人的最大行走速度是每秒钟 4 米，远远超过了鸭子的速度。牧羊犬机器人高 78 厘米，直径 44 厘米，外面包一层软塑料，软塑料安装在橡胶弹簧上，目的是保证鸭子的安全。这个机器人系统包括机器人车、计算机和摄像机。计算机在分析了摄像机拍摄的图像后，可以确定鸭群和牧羊犬机器人的位置，将信息与已知的目标位置进行分析，控制程序就能确定牧羊犬机器人的行走路线。命令是通过无线电台发送给牧羊犬机器人的，它引导牧羊犬机器人将鸭子赶到目的地。

该项目是机器人与工程研究项目的子项目，将为未来研究机器人与动物的相互作用奠定一个良好的基础。

知识小链接

无线电台

无线电台，简称电台，是装有发送和接收无线电信号设备的台站。大型无线电台的天线和收发信机分设两地，以避免干扰，由控制室遥控。

◥ 生产显神通——工业机器人

工业机器人就是在工业环境中进行各种作业的机器人，如喷漆机器人、焊接机器人、冲压机器人、装配机器人等。

在工业生产中使用机器人，有很多好处：

（1）提高产品质量。由于机器人是按一定的程序作业，避免了人力的随机差错。

（2）提高劳动生产率，降低成本。因为机器人可以不知疲倦地连续工作。

（3）改善劳动环境，保证生产安全，减轻甚至避免有害工种（比如焊接）对工人身体的侵害，避免危险工种（比如冲压）对工人身体的伤害。

（4）降低了对工种熟练程度的要求，不再要求每个操作者都是熟练工，从而解决熟练工不足的问题。

（5）使生产过程通用化，有利于产品改型，如要换一种产品，只要给机器人换一个程序就行了。

◎ 喷漆机器人

众所周知，多数涂料对人体是有害的，因此，喷漆一向被列为有害工种。此外，由于我国人民生活水平的提高，加之以独生子女为主体的就业队伍的出现，喷漆工人队伍难以为继，用机器人代替人进行喷漆势在必行。何况用机器人喷漆还具有节省漆料、提高劳动效率和产品合格率等优点。

在我国工业机器人发展历程中，喷漆机器人是比较早开发的项目之一，目前为止，已有大量的喷漆自动生产线用于汽车等行业。

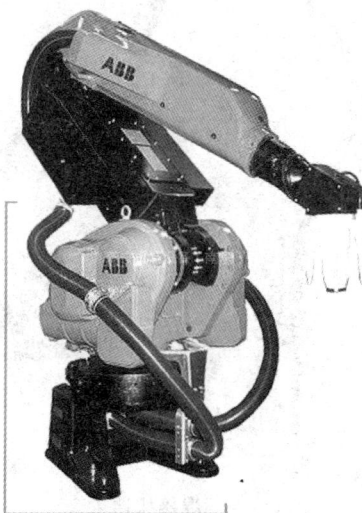

喷漆机器人

知识小链接

自动生产线

自动生产线是由工件传送系统和控制系统将一组自动机床和辅助设备按照工艺顺序联结起来，自动完成产品全部或部分制造过程的生产系统，简称自动线。

◎ 焊接机器人

使用机器人进行焊接作业，可以保证焊接的一致性和稳定性，克服了人为因素带来的不稳定性，提高了产品质量。由于使用机器人，工人可以远离焊接场地，减少了有害烟尘、焊炬对工人的侵害，改善了劳动条件，同时也减轻了劳动强度，如果采用机器人工作站，多工位并行作业，更可以提高劳动生产节拍，满足高效的要求。

我国的工业机器人当中，焊接机器人占很大比例，用于汽车、摩托车、工程机械（比如起重机、推土机）、农业机械甚至家电生产部门。我国的大型汽车制造集团公司都具有多台焊接机器人。

哈尔滨工业大学、沈阳自动化研究所和一汽合作研制的 HT－100A 点焊机器人于 1999 年 7 月正式通过了验收，其实该机器人在验收前已在红旗轿车和一汽卡车生产线上工作了 1 年多，分别点焊了轿车和卡车各4000

焊接机器人

辆。这说明我国的焊接机器人研制工作是扎实而讲究实用的。

在国外，焊接机器人已受到大、中型，甚至小型企业的重视，美国的卡特比勒，日本的雅马哈、本田、铃木等摩托车的主要结构件几乎全部采用焊接机器人作业。

焊接机器人作业精确，可以连续不知疲倦地进行工作，但在作业中会遇到部件稍有偏位或焊缝形状有所改变的情况。人工作业时，因为能看到焊缝，可以随时作出调整，而焊接机器人，因为是按事先编好的程序工作，往往不能很快调整，使它的使用受到限制。

法国、加拿大、日本共同研制了一种叫作 "Robokid" 的焊接机器人，能用激光三角测量法

广角镜

激光的应用

激光的最初的中文名叫作镭射，1964 年才改称为激光。激光应用很广泛，主要有激光打标、光纤通信、激光光谱、激光测距、激光雷达、激光切割、激光武器、激光唱片、激光指示器、激光矫视、激光美容、激光扫描、激光灭蚊器等。

"看"到焊缝,并可随时调整焊炬的路线,保证对准焊缝。随后,法国人又在"Robokid"上装上一台个人计算机,控制了 4 个焊接机头,每个机头具有 4 个自由度,这样可以进行多道焊接。利用个人计算机的功能进行编程,能够自动计算焊道的分布和需调整的数值,并把编程时间由数小时缩短到 10 分钟之内。这种先进的焊接机器人被法国人用在船舶和核反应堆压力容器的制造中。

◎ 装配机器人

为适应现代化的生产、生活需要,我国汽车工业迅猛发展。但汽车装配中,安装发动机、后桥等大部件是一项劳动量很大的工作,甚至于需要人肩扛手抬。现在沈阳某汽车公司的汽车总装线上,却是另一种场面:9 台智能移动机器人(也叫自动引导车)在调度台指挥下,轻松自如地将发动机、后桥、油箱等大部件自动运输、装配到汽车上,生产节拍只需 3.9 分钟! 这种智能移动式机器人大大提高了生产效率,改善了劳动条件。

装配汽车的机器人

各种高科技产品的装配需要高的精度和自动化程度,海尔哈工大机器人公司推出了 3 自由度直角坐标机器人和 4 自由度 SCARA 装配机器人,前者的特点是可以根据实际需要组合成不同形式,行程范围 1200 毫米至2000 毫米,精度为 ±0.01 毫米,可以灵活地用于各种自动化生产线中;后者具有体积小、运动灵活、高速度、高精度等优点,可用于电子装配和半导体自动化生产中。

◎ 搬运机器人

在建筑工地，在海港码头，总能看到大吊车的身影，应当说吊车装运比起早期工人肩扛手抬已经进步多了，但这只是机械代替了人力，或者说吊车只是机器人的雏形，它还得完全靠人操作和控制定位等，不能自主作业。这里我们介绍的搬运机器人则是能够自主作业，并能保持很高的定位精度。

日本研制成功的一种垂直关节型搬运机器人，手臂有 3 个关节，能上下、前后及侧向移动，即有 6 个自由度，每个坐标轴用交流伺服电机控制，最大搬运质量为 500 千克，定位精度为 0.1 毫米。定位是靠臂端安装的一个距离超声传感器和一个图像传感器联合完成的。利用这种机器人可以搬运铁路枕木、钢轨等。同其他机器人一样，其臂端有多种备用附件，可以完成不同的搬运任务。

搬运货物的机器人

我国无锡威孚集团公司和南京理工大学合作开发了一种搬运机器人，结构为 6 个自由度、关节式、轨道控制式，原设计是针对该集团铝浇注车间搬运铝液的，即完成从保温炉内舀取铝液倒入浇注机进行浇注的作业。它可以同时供应 8 台浇注机，工作 1 遍的时间为 6.5 分钟，并保证舀、倒铝液时没有溅漏，最大搬运质量为 100 千克，工作半径为 2.6 米，可在 ±180° 范围内回转。当然这种机器人还可以开发利用到其他搬运作业中去。

◎ 包装打捆机器人

钢材生产后的人工打捆包装，原是一项劳动量大，自动化程度低的工作，工人在工作中又较易出工伤事故，长期以来是轧钢生产中一道使人头痛的工序。1998 年，北京航空航天大学成功研制了包装打捆机器人，它集机械、液压、电子、计算机技术于一体，并已投入使用，工作稳定可靠。可以对直径 10～40 毫米的棒材自动打捆，打一个捆结的时间少于 10 秒。这一机器人的应用取得了以下效益：减轻了包装工人的劳动强度，避免了该工序的工伤事故，减轻了工序的环境污染，提高了生产效率和生产质量。

知识小链接

北京航空航天大学

北京航空航天大学（简称北航）成立于 1952 年，是一所具有航空航天特色和工程技术优势的多科性、开放式、研究型大学，肩负着高层次人才培养和基础性、前瞻性科学研究，以及战略高技术研究的历史使命。作为新中国第一所航空航天高等学府，北航一直是国家重点建设的高校。该校现隶属于工业和信息化部，是国家"211 工程"和"985 工程"建设的重点高校。北航亦是中华人民共和国教育部、中国工程院以及北京市人民政府的共建学校。

◎ 喷丸机器人

现代机械工业发展中，表面处理成为一个棘手的问题，现代化产品对表面质量要求越来越高，而手工清理不仅效率低，而且劳动量太大。为此芬兰的一家钢铁公司研制出了一种由计算机控制的喷丸机器人，可以进行各种表面处理：飞机机身、机翼除旧漆，运输集装箱内外表面处理等。喷丸的载运介质有空气、水蒸气（或水）；磨削介质则可以用玻璃球、塑料片、砂粒等。实践证明：喷丸机器人比人工清理效率高出 10 倍以上，

喷丸机器人

而且工人可以避开过去污浊、嘈杂的工作环境，操作者只要改变计算机程序，就可以轻松改变不同的清理工艺。目前这种机器人远销德国、俄罗斯、瑞典等国家。

喷丸在机械加工中还是一种进行表面强化的方法，如汽车发动机的一些轴件、活塞杆等都采用喷丸强化，我国第一汽车集团公司的自动生产线中就有喷丸工序，所以开发喷丸机器人还可以应用到表面强化工艺中去。

◎ 采集与吹制玻璃机器人

类似灯泡一类的玻璃制品，都是先将玻璃熔化，然后人工吹气成形的，熔化的玻璃温度高达1100℃以上，无论是搬运，还是吹制，工人不仅劳动强度大，而且对身体有害，工作的技术难度要求还很高。法国赛伯格拉斯公司开发了两种6轴工业机器人，应用于"采集"（搬运）和"吹制"玻璃两项工作。

采集与吹制玻璃机器人是用标准的法那克M710型机器人改装的，是在原机器人上装上不同的工具进行作业的。

采集玻璃机器人使用的工具是一个细长杆件，杆头装一个难熔化材料制成的圆球，操作时机器人把圆球插入熔化的玻璃液中，慢慢转动，玻璃液就会包在圆球上，像蘸糖葫芦一样，当蘸到足够的玻璃液时，用工业剪刀剪断与玻璃液相连处，放入模具等待加工。吹制玻璃机器人与采集玻璃机器人不同的是工具，细长杆端头装的是个尖钳，能够夹起玻璃坯料，细长杆中心有孔，工作时靠一台空气压缩机向孔内吹气，实

广角镜

空气压缩机的工作原理

空气压缩机的种类很多，按工作原理可分为容积式压缩机和速度式压缩机。容积式压缩机的工作原理是压缩气体的体积，使单位体积内气体分子的密度增加以提高压缩空气的压力；速度式压缩机的工作原理是提高气体分子的运动速度，使气体分子具有的动能转化为气体的压力能，从而提高压缩空气的压力。

际上是再现人工吹制的动作。目前，尽管这种机器人还不够十分理想，但却是世界首创，而且很实用，有着很大的发展余地。

◎ 核工业中的机器人

世界发达国家都广泛建立和使用核电站，我国也有著名的大亚湾核电站等，日本核电站发电量约占全国发电量的三分之一。既要发展核工业，又要使人们远离核辐射的威胁，那么开发核工业机器人，让机器人代替人去进行有关作业，就是解决这一问题的唯一途径了。

日本最早开发的这类机器人是单轨的，活动范围很窄，只能对某些核设备进行定向的巡检。

核工业机器人

后来为了扩大工作范围，又开发了履带式巡检机器人，两者都装有摄像机、麦克风等设备，并且装上了机械手，应用了人工智能技术，使性能大为提高。

近期，日本又研制出一种适用于核设施的机器人，该机器人具有高度的环境适应性和高度的操作灵活性，由于设计预期性能要求苛刻，所以起名为"极限机器人"。这种机器人采用关节式 4 脚步行方式运动，可以上下台阶、越过障碍物，甚至钻进狭窄空间，机械手上装了多个感觉传感器，能够将指头上的微小感觉传给操作者，样机长 1.2 米，宽 0.7 米，高 1.73 米，质量约 750 千克，研制者意图使其用于核设施维修工作。

乌克兰的一家公司，正在加紧研制一种机器人，用于对付 1986 年爆炸的切尔诺贝利核反应堆，该核反应堆虽然当时已被人们用钢筋混凝土坚固地包围了起来，但随着时间的推移，雨水的不断渗入，产生剧毒的核废料还会污染地下水源，现在其内部的情况，人们无法估计，乌克兰专家对此心焦如焚，决定花费 3 亿美元进行清理。这次还破例采用了西方技术，比如利用美国火星车"索杰纳"的一些视频图像的软件，建立一个三维的切尔诺贝利反应堆的模型，以便精确地确定反应堆中物体的尺寸和它们之间的距离。

知识小链接

核反应堆

核反应堆，又称为原子反应堆或反应堆，是装配了核燃料以实现大规模可控制裂变链式反应的装置。从更广泛的意义上讲，反应堆这一术语应覆盖裂变堆、聚变堆、裂变聚变混合堆，但一般情况下仅指裂变堆。

拓展阅读

全球最幸福国度——丹麦

丹麦是斯堪的纳维亚组成国家之一，位于欧洲北部，南部就是德国，北部濒临大西洋、北海与波罗的海。丹麦拥有高科技农业、现代的小规模企业化工业、稳定的货币等特征，同时对国际贸易高度倚赖。丹麦属于世界经济高度发达国家，能够提供大量的社会福利，贫富差距相当小，国民享有极高的生活水平。丹麦亦是北大西洋公约组织创始会员国之一。联合国曾发布"全球幸福指数"报告，对比全球 156 个国家和地区人民的幸福程度，丹麦成为全球最幸福国度。

◎ 肉类加工机器人

肉食品对人们的生活来说是不可缺少的，但是随着生活水平的提高，屠夫已是人们不愿从事的岗位，目前，在一些国家里，机器人承担了这一工作。国际上很重视肉类加工机器人的研究，欧盟还提供了专项资金，英国、丹麦、德国等加紧研制，目前已经研制成功机器人屠宰系统，用于去除内脏以后，胴体各部分的分割；丹麦肉类研究所建造了一套内脏去除示范系统，用于去除内脏。

机器人系统的使用，提高了

屠宰分割的准确性，也收到了较好的经济效益。

◎ 鱼类加工机器人

日常生活中，加工鱼是件很麻烦的事，一般说来鱼薄而多刺，不注意就会伤着人手，而对于冰岛、希腊、丹麦等产鱼国家，要大量加工鱼，他们加工的工序是：先切掉鱼头，然后从鱼的背骨将其切成两片，再去掉小刺和一些不整齐的部分，完成这些工作，不仅使人劳累，而且稍不注意还会切到手指。

鱼类加工机器人

为解决这个问题，欧洲信息技术战略计划确立了资助项目——鱼类加工机器人，目前正在解决切鱼头工序。该项目的主要要求是：制造一个高速视觉导向机器人，其末端装有手臂，能准确地从传送带上抓起滑溜的鱼，迅速放到切头机上去，保证在传送带不停运转的情况下，不能漏抓漏切一条鱼，切头机加工一条鱼的时间要求是 1~2 秒。机器人的视觉系统还必须能区分鱼的大小，以便把鱼送到不同的加工线上。设计者的效益目标是使鱼片生产量增加 1%，目前这一系统正在试验中。

◎ 糕点包装机器人

我们中国是礼仪之邦，逢年过节，亲戚朋友间常常会送盒点心，以分享节日的快乐，当你提着一盒精美的点心去朋友家时，是否考虑到包装易碎、易坏的点心，是辛苦而细致的工作呢？

瑞士的一家糕点厂从 1992 年开始就在生产线上安装了 8 台糕点包装机器人，它们的任务是：将糕点放入软包装盒，再将软包装盒放入纸箱两道工序，而且是对 7 种不同形式的糕点进行包装。其中最困难的是第一道工序，糕点放在传送带上，糕点包装机器人手爪上糕点的位置必须与软包装盒中糕点应放的位置一一对应，利用摄像机对传送带上糕点的位置进行定位，并将数据传给糕点包装机器人，糕点包装机器人将传送带上的糕点逐个取下，小心翼翼地放入软包装盒中，手爪的动作要既灵活又准确，毫米之差就会损坏糕点。其最高效率每分钟可达 145 块。

治病好帮手——医疗机器人

你知道吗

无影灯为什么"无影"

无影灯其实并不能"无影"，它只是减淡本影，使本影不明显。影子是光照射物体形成的。仔细观察电灯光下的影子，就会发现影子中部特别黑暗，四周稍浅。影子中部特别黑暗的部分叫本影，四周灰暗的部分叫半影。这些现象的产生都和光的直线传播有密切关系。发光物体的面积越大，本影就越小。科学家根据上述原理制成了手术用的无影灯。它将发光强度很大的灯在灯盘上排列成圆形，合成一个大面积的光源。这样，就能从不同角度把光线照射到手术台上，既保证手术视野有足够的亮度，同时又不会产生明显的本影，所以称为无影灯。

工人加工零件是有一定的废品率的，也就是说出现一定数量的废品是允许的，而医生开刀做手术就不同了，出现失败就意味着损坏了患者的健康，甚至生命，事情就是这么严峻。你也许见到过这种场面：无影灯下，心脏换瓣的手术正在紧张地进行，患者胸骨已被劈开，呼吸机、体外循环机由专人监视着，助手们向主刀医生手里准确地递上各种器械，房间里静得连掉一根针也能听到，护士们不时为主刀医生擦去额头上的汗水……手术已经进行了 3 个多小时了，手术室门外的患者家属，充满焦虑和希望。

尽管医生们努力、再努力，慎重、再慎重，但是，只要是人，就会有疲劳、紧张的时候，就会对手术有影响，而每一处微小的疏漏都会对患者的创口、手术质量，乃至生命造成影响。正因为如此，手术前患者及其家属对医院和医生的选择，都会给病人和家属以及医生带来压力。

随着现代科学的发展，计算机与机器人技术开始涉及外科手术领域。这样行吗？人们把头颅和心脏交给一个钢铁的机器人，放心吗？安全吗？以下的事实，会解除你的疑惑。

◎ 机器人更换髋骨

人体的股骨与髋关节窝连接的关节头是圆形的，而且光滑，中间有软骨垫着，一旦发生病变则关节头会变形，而且凹凸不平，时间长了，还会有磨损的软骨碎片，治疗的办法是更换髋骨，通常是先切开几寸厚的肌肉，再用锤子、凿子在股骨上开孔，以便放入金属植入物。

在美国加利福尼亚州萨克拉门托市萨特总医院，巴格医生在给患者做更换髋骨的手术，在切除股骨顶部之后，却没有用锤子、凿子打孔，而是叫来了他的机器人助手。这个助手约 2.1 米高，长着一个单臂，臂上装有钻孔装置。在巴格医生指导下，几分钟后，在患者股骨上精确地钻出了一个小孔，然后，巴格医生为病人植入人工髋骨，在小孔处与股骨配合。

为采用这种新技术，有关专家曾在狗身上进行了 20 多次手术试验，证明安全可靠之后，1993 年 10 月美国食品药物管理局才允许在人身上进行。

在这个手术中，植入物与患者髋骨是否匹配是个关键问题，以前，有时到了手术室现场发现不匹配，只好临时更换，而机器人系统中采用了计算机技术，医生可以在屏幕前，将不同型号、尺寸的植入物与患者髋骨图像对比，充分选择更为匹配的植入物。

这是世界上机器人医生在人体上完成的第一个外科手术。

◎ 机器人置换膝关节

膝关节是人体的重要关节，它关系到人体的支撑、行走等功能，而由于频繁活动，造成有膝关节病症的患者很多，给患者带来了巨大的痛苦。

以色列施哈姆教授在 2000 年研制的小型外科机器人，独立完成了人体膝关节置换手术。手术时，医生先对患者进行 X 射线断层扫描，然后将图像输入计算机，手术的实施全由机器人进行，教授特意为机器人安装了压力传感器，防止手术中机器人施力过大。为确保安全，手术过程由旁边的医生监控，必要时可以转换成人工控制。施哈姆教授正在研究用这台机器人进行脊椎、脑、眼、耳等外科手术。

基本小知识

X 射线

　　X 射线是波长介于紫外线和 γ 射线间的电磁辐射。X 射线是一种波长很短的电磁辐射，其波长在 0.01 纳米到 10 纳米之间，由德国物理学家伦琴于 1895 年发现，故又称伦琴射线。X 射线具有很高的穿透本领，能透过许多对可见光不透明的物质，如墨纸、木料等。这种肉眼看不见的射线可以使很多固体材料发生可见的荧光，波长越短的 X 射线能量越大，叫作硬 X 射线，波长长的 X 射线能量较低，称为软 X 射线。

◎机器人摘除胆囊

　　美国一家医疗器械厂家制造了一种机器人手术系统，已经成功为众多患者摘除了胆囊。

　　该系统包括控制台、内镜和切除结扎系统，机器人的 3 个机械手臂臂端都有灵活的手腕，可以使用各种手术器械。

　　施行手术时，医生利用电脑屏幕观察，遥控内镜和切除结扎系统工作，便可摘除胆囊。

　　目前由于操作者掌握这一新技术尚不熟练，完成这一手术时间较长，约 40 分钟。

　　值得一提的是该系统已被日本引进，正进行临床实验，该系统售价约 100 万美元。

美国对医疗器械的管理一向是比较严格的，但这一系统于 2000 年 7 月已被美国食品与药物管理局（FDA）获准使用，并允许市场销售。

◎ 机器人切除前列腺肿瘤

2000 年 7 月 13 日，法国东南克雷泰伊亨利医院"演"出了这样一幕：泌尿科资深专家阿布医生端坐在椅子上，手持两个手柄，面对一个屏幕上显示的三维立体图像，而几米远处的患者躺在手术台上，正接受阿布医生为他进行的前列腺摘除手术，手术进行了 7 个半小时，阿布医生依旧精神饱满，完全没有以前用常规方法进行手术的疲劳，因为以前进行这种手术，医生必须弯腰俯身站立，持刀操作手术的全过程。阿布医生认为使用机器人进行手术大大减轻了医生的工作强度，更重要的是提高了手术的精确性和可靠性。

🖋 知 识 小 链 接

三维立体图像

　　三维立体图像（或三维立体画）是一类能够让人从中感觉到立体效果的平面图像。观察这类图像通常需要采用特殊的方法或借助器材。

◎ 机器人施行远距离手术

在北京各大医院挂号处，常常排起长队，队中不少是外地人，或扶着老人，或抱着孩子，一脸的疲劳和焦急。目前，我国尚有不少地区医疗水平比较低下，为了给重患者看病，特别是动大手术，还必须千里迢迢来京治疗，路途的劳顿更给患者增加了痛苦，如果没有机会前来，就会痛失治疗的最佳时间，甚至危及生命。同样，战场上受伤的战士，由于往往要送回后方治疗，耽误了抢救时机，从而造成了不必要的牺牲。

自古以来，看病治疗，患者与医生必须同在一个地方。不在一起能不能看病呢？科学发展到今天，一些往往以前认为做不到的事，由于人们的努力而在今天得以实现。

目前，世界各国非常重视远距离外科手术的研究，据称，世界范围内有不少于 10 个专门小组在进行研究。我们相信，在不久的将来，远距离手术就可以成为现实，这就等于最优秀的外科医生和最天才的肿瘤专家可以对任何一个地方的患者施行手术。机器人做微型手术有些是非常精细的，称为显微外科手术，比如眼科手术，这种手术的难度是要在一个很小的范围内作业，操作者极易疲劳，手的移动也不能很准确。

美国麻省理工学院的亨特研制了 MSR－1 型专门用于显微外科手术的机器人系统，它可以按比例缩小医生的动作，使机器人手术的切口仅为医生动作的 1%，并且计算机可以滤去医生手的颤抖，使手术更加精确，同时，还能检查医生动作的安全性，比如动作过快，它就会发出报警的声音。

◎ 微型特种机器人

为深入人体内部管道，医学上需要微型特种机器人。上海交通大学根据仿生物学原理，研制了能钻入人肠道的"蚯蚓"机器人，它能携带摄像机在肠道内蠕动，将拍摄的照片传给有关专家，其质量仅为 14 克，体积像一个钢笔头大小。

◎ 微操作机器人

护士给人打针是有技术的，特别是静脉注射，经验不足的护士往往给人扎好几个眼儿，还找不到静脉血管。那么在生物工程中要给直径和厚度只有几微米（1 微米是 1 毫米的千分之一）的细胞注射，难度就可想而知了。即使是训练有素的实验人员，由于操作时自身生理因素（诸如疲劳、情绪、抖动）的影响，成功率也只有百分之一。因此，显微注射成了阻碍生物工程发展的一个关键技术，也是个薄弱环节，影响到生物工程、细胞工程的前进步伐。我国南开大学的研究人员，于 2000 年研制成了一种面向生物工程的微操作机器人系统。它是全自动化操作，为世界首创，只要点击鼠标，就可以自动给几微米直径的牛肺细胞打一针，1分钟之内就可以完成基因转化。

研究者们精益求精，设计了系统的体系结构、功能模块、控制系统及应用软件。它的具体结构是：一个倒置的显微镜和载物平台，显微镜上安装了摄像

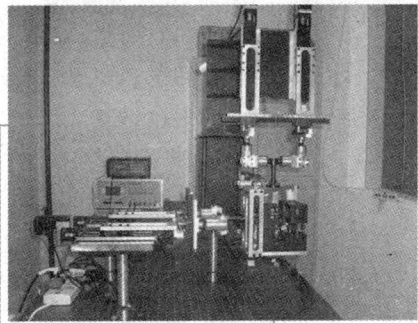

微操作机器人

机，可以将放大几千倍的图像传递给计算机，操作者可以从屏幕上看到这些图像，显微镜的两侧对称安装了具有多个自由度的操作臂，操作臂可以夹持细微工具在空间做各种运动，所有运动都是电动控制，每走1步为1微米。目前为止，利用它来完成细胞的转基因注射，成功率达50%。

知识小链接

显微镜

显微镜是由一个透镜或几个透镜的组合构成的一种光学仪器，主要用于放大微小物体，使微小物体能被人的肉眼看到。显微镜分光学显微镜和电子显微镜：光学显微镜可把物体放大1600倍，分辨的最小极限达0.1微米；电子显微镜有与光学显微镜相似的基本结构特征，但它有着比光学显微镜高得多的对物体的放大及分辨本领，它将电子流作为一种新的光源，使物体成像，常用于生物、医药及微小粒子的观测。

这一系统的成功，显示了机器人技术的多自由度联动和高精度定位的优势。

◎纳米机器人

曾经有一部美国科幻片名为《惊异大奇航》。这部影片中，科学家把变小

的人和飞船注射进人体，让这些缩小的参观者可以直接观看到人体各个器官的组织和运行情况。如果真的有小人能够进入我们的身体，倒是可以帮助我们看病。最近，美国科学家就研制出一种可以进入人体的纳米机器人，有望用于维护人体健康。

发明这些纳米机器人的科学家是美国哥伦比亚大学生物工程学研究人员兰·斯托诺维克等人，组成机器人的原料是 DNA 分子，它们的外形很像蜘蛛，因此又被称为"纳米蜘蛛"微型机器人。它们能够跟随 DNA 的运行轨迹自由地行走、移动、转向以及停止。虽然以前研制出的 DNA 分子机器人也具有行走功能，但不会超过三步，而新的机器人却能行走五十步。科学家希望不断改进"纳米蜘蛛"，以提高它们的行进距离，让它们最好能够在人体内自由穿梭。

"纳米蜘蛛"的体长只有 4 纳米，需要高倍电子显微镜才能看见，因为 10 万个这样的"纳米蜘蛛"排成一串也比人类的头发直径短。正因为"纳米蜘蛛"如此微小，所以它可以穿越人体的任何组织和器官，包

成串的"纳米蜘蛛"

括最细小的毛细血管和神经末梢，而不会导致这些细小管道的阻塞。"纳米蜘蛛"可以在人体内的"大街小巷"内随意穿梭，及时发现人体内出现的异常情况，因此堪称人体内的"微型警察"。

知识小链接

毛细血管

毛细血管是极细微的血管，管径平均为 6~9 纳米，连于动、静脉之间，互相连接成网状。毛细血管数量很大，除软骨、角膜、毛发上皮和牙釉质外，遍布全身。毛细血管壁薄，管径较小，血流很慢，通透性大，其功能是利于血液与组织之间进行物质交换。

　　"纳米蜘蛛"机器人有望成为治疗多种疾病的重要工具，比如：它们可以区分健康细胞和癌细胞，及时发现癌细胞后发出警报。然后成千上万只"纳米蜘蛛"就源源不断地向癌细胞聚集，一起合力杀死癌细胞。它们还可以成为清理人体血管的"管道工"，人体血管其实也像城市的下水道一样，时间长了就会出现垃圾，如果不及时清理就会发生各种心血管疾病。"纳米蜘蛛"发现这些垃圾后，能合力把这些垃圾击碎并运到人体的肠道内。纳米机器人甚至可以用于外科手术，切割或缝合手术部位，由于它们可以直接利用人体活性物质到达手术部位，手术之后可以达到没有疤痕的效果。

　　纳米机器人实质是分子机器人，是分子仿生学中的一个重要内容。纳米机器人根据分子水平的生物学原理为设计原型，是一种可在微小的纳米空间内进行操作的"功能分子器件"。事实上，每一个细胞都是一个活生生的纳米机器人，细胞不仅将燃料转化为能量，而且按照储存在 DNA 中的信息来建造和激活蛋白质和酶，对不同物种的 DNA 进行重组。目前，基因工程家已经开始利用这些活生生的"纳米工具"来维护人体健康，例如用细菌细胞来生产医用激素。

　　美国加州理工学院神经科学研究人员埃瑞克·温弗利说："传统的机器人是一个机械体，能够识别所处环境，作出相应的判断，并遵循设计程序做某些事情。"而相比之下，分子机器人更具优势，它们不仅具备着传统机器人的功能，并且将体积缩小至纳米等级，在相应的环境中可以自动组合。也就是说，"纳米蜘蛛"其实还是一种可以自我复制的机器人，它们可以利用人体内的 DNA 分子进行自我复制，根据任务的需要来确定所需复制的数量，而不会出现"纳米蜘蛛"在人体内泛滥成灾的情况，不用担心"纳米蜘蛛"会把人体拆光。

　　目前，科学家们已经研发出这种机器人的"生产线"，希望未来能大量生产。研究人员希望"纳米蜘蛛"首先用于医疗事业，来维护人体健康。"纳米蜘蛛"早期的应用可能包括：帮助运送药物到人体的患病部位，帮助人类识别并杀死癌细胞以达到治疗癌症的目的，甚至还能帮人们完成外科手术、清理血管垃圾等。

◎ 能做心脏手术的机器人

给心脏做手术，你会想到什么？忙的不可开交的医务人员、堆成山的止血纱布，这些都是电视剧里经常见到的镜头。

相信所有面临心脏手术的人，都会心里发怵。一位来自河北石家庄的 36 岁妇女，在诊断为患了一种叫作房间隔缺损的心脏病后，一直害怕走上手术台。幸运有时会悄悄降临，不久后她成为国内第一个被机器人做手术的心脏病患者，手术后只留下几个小孔般的伤口，一周便愈合了。

2007 年 1 月 15 日，该患者被麻醉师"催眠"，静静躺在手术台上。她的身边，看不到主刀大夫，只有一台造型新奇的机器人，还有两位助手。经过一个多小时的机器调试和准备后，手术开始了。机器人先在患者的身体上扎了四个 1 厘米宽的小孔，然后轻轻伸进一只手臂，这是机器人的眼睛，上面安装了光源和镜头，可以清楚看到手术中的所有细节。接着，机器人伸入两只手臂，这相当于主刀大夫的左手和右手。最后一个小孔是留给第四只机械手的，上面装有拉钩等器械，它可以轻松承担助手的全部工作。

手术台前，看不到人头攒动的医务人员，也看不到胸腔剖开后的血腥场面，只有两位助手不时给机械手臂换器械：镊子、神经钩、剪刀……

在手术台一米开外处，也有一个机器，坐在机器旁的人正目不转睛地盯着机器上方的屏幕，双手则在灵巧地操作机器的"手柄"。如果不是在紧张的手术室，旁人也许会误认为他

心脏手术"操作控制平台"

正在玩最新的电子游戏。而事实上，这个人才是整台手术的"幕后大佬"，也就是真正的主刀医生，他面前的机器叫"操作控制平台"。

主刀医生通过虚拟的手部动作，远程遥控手术台旁的机械手臂。而操控平台上方的屏幕，就是机械臂"眼睛"发回的手术场景：白色的心包被机械臂"右手"一点点切开，拉钩将其牵引开，露出红色的心脏，冠状动脉犹如树根，盘错在心脏表层。

这些场景，都是三维画面，就像 3D 电影一样，真实展现在主刀医生面前。和传统手术不同，这里的视野是放大 10 倍的，能够更精细地把握手术的每一步。机械手在执行主刀医生的命令时，会过滤掉不利的信号。很快，患者的房间膈缺损被机械手修补一新，接下来的缝合、止血也都是由机械手完成的。

知识小链接

3D 电影

3D 电影是利用人双眼的视角差和会聚功能制作的可产生立体效果的电影，出现于 1922 年。这种电影放映时两幅画面重叠在银幕上，通过观众的特制眼镜或幕前辐射状半锥形透镜光栅，使观众左眼看到从左视角拍摄的画面，右眼看到从右视角拍摄的画面，通过双眼的会聚功能，合成为立体视觉影像。

这次手术非常成功。该患者是幸运的，做心脏手术不用开胸，她是国内的第一个受益者。有了第一次的成功经验，解放军总医院心血管外科在主任高长青的带领下，相继为 400 多名患者成功进行了不开胸的心脏手术，并始终保持零死亡率的好成绩。

"目前这些手术都进行了随访，效果是非常肯定的。"高长青自豪地介绍，他领导的团队可以用机器人治疗 20 多种心脏病，如室间隔缺损、房间隔缺损等先天性心脏病、心脏瓣膜病、心脏肿瘤，甚至冠状动脉搭桥手术，都可以看到机器人大显身手。"这些手术在中国来讲，我们是第一家。"高长青说。

第一个吃螃蟹的人，总是要承受巨大的阻力。手术的主角机器人，名叫"达·芬奇"，来自美国，是名副其实的舶来品。将"达·芬奇"引进到中国的初期，这位"外国友人"很是"水土不服"，因为"达芬奇"是按照欧美人的特点设计的，来到中国后，和中国患者的体形、生理等都要进行"磨合"。

在二尖瓣置换手术中，机械臂的"入口处"，也就是胸壁打孔的位置，需要在手术过程中根据患者的体形、性别、肋间隙宽窄和心脏的位置作出具体的调整，因此每一步手术操作都要重新摸索。

在给该患者进行第一台全机器人心脏手术前，高长青的团队进行了大量的实验和准备工作。从准备手术耗材，到用猪心实验，摸索手术的"手感"，每一步都是全新的尝试，因为以前没有人做过。

为什么机器人会受到心血管外科专家的如此青睐呢？因为它让手术变得更加安全。

首先，它会给主刀医生一双"火眼金睛"。人肉眼的视力是有限的，而心脏上星罗棋布的细小血管，使得手术中偏差毫厘都可能会危及患者的生命。

在机器人的帮助下，所有的血管都相当于被放大了10倍。拿冠状动脉搭桥术来说，需要切取一段胸廓内动脉，把它移植到心脏的冠状动脉上。有了机器人的影像系统辅助，医生从屏幕中看到的胸廓内动脉像两厘米的血管，这样就可以一点血不出地轻松取下来。

在机器人的帮助下，解放军总医院心血管外科已经可以在心脏不停跳的情况下，进行冠状"搭桥"。心脏不停跳，意味着不需要加入体外循环来维持生命状态，这样对身体的伤害也大大减小，自然能减小术后各种并发症的发生机率，从而缩短机械通气时间和住院时间。

其次，它能让主刀医生的手更加灵巧。机器人的"手"有7个自由度，比人手多了两个自由度，所以它能完成人手不能的穿行、转动、挪动、摆动等高难度动作。

在搭桥术中，由于机械手可以不受切口的限制，取尽量长的胸廓内动脉，让"搭桥"更轻松。另外，外科医生操作机械手的动作幅度，会被机械手通过数字操控按1∶1到1∶10比例减小，人手的颤抖并不会造成手术刀的颤抖，从而保证每一个手术动作的精准和完美。

同时，手术技术的更新甚至会彻底改变一位患者的人生态度。传统的心脏手术，因为不能避免开胸骨，术后即使恢复健康，胸前一条长长的缝合伤口也如一道挥不去的阴影，盘踞在患者心头，很多人不敢去游泳，甚至不敢去与朋友交往。用机器人做心脏手术，只需要在肌肉上打四个小孔，术后一周就可以上班，而且几乎看不到创口，出院后也可以尽情享受人生。

在之前那位患者的手术中，主刀医生就在她身旁一米外的地方。换句话说，主刀医生抬眼就可以看到患者。

拓展阅读

冠状动脉搭桥术

冠状动脉搭桥术顾名思义，是取病人本身的血管（如胸廓内动脉、下肢的大隐静脉等）或者血管替代品，将狭窄冠状动脉的远端和主动脉连接起来，让血液绕过狭窄的部分，到达缺血的部位，改善心肌血液供应，进而达到缓解心绞痛症状，改善心脏功能，提高患者的生活质量及延长寿命的目的。这种手术是在充满动脉血的主动脉根部和缺血心肌之间建立起一条畅通的路径，因此有人形象地将其称为在心脏上架起了"桥梁"，俗称搭桥术。

而经过两年多的摸索，高长青的团队已经可以更加远程地来做手术了。比如，患者躺在二楼的手术室，主刀医生在三楼的操作平台上，也能完成一台漂亮的心脏手术。所有的指令都通过远程的数据进行准确无误的传递。

这只是远程研究领域的起步而已。解放军总医院心血管外科副主任医生肖苍松经常畅想这样的场景：一个广州的患者，急需请北京的医生进行心脏手术，当医护人员把他推进广州某医院的手术室，安装好机械手后，北京的主刀大夫神情自若地坐到操作台前，开始指挥千里之外的机械手切开心包，修补瓣膜……

◎ 有望进入毛细血管的微型机器人

2008 年据 BBC 报道，著名的美国科学家雷·库兹威尔大胆预测人工智能机器人将会首先出现在医学领域，而传统的人工智能的观念将会被彻底颠覆。雷·库兹威尔认为，目前的技术水平已经达到了生产微型机器人的阶段，美国科学家和欧洲科学家已经成功研制出用于人类血管治疗的微型机器人，在不久的将来就会制造出可以在毛细血管里运行的机器人。

而这种可以在毛细血管中运行的微型机器人将彻底改变传统观念对人工智能的理解。因为这种通过毛细血管运行的机器人，可以通过毛细血管，进入人类的大脑，机器人可以通过控制人类的脑细胞这样更高级的操作，达到一种全新的"人工智能"概念。

俄罗斯科学家曾经认为人工智能机器人的瓶颈在于微型电脑芯片的运算速度无法适应机器人的体积，但是这种可以在毛细血管中运行的机器人则成功地应用了最新的电脑芯片，通过与人脑配合来处理高难度运算，解决体积和运算速度矛盾的问题。特别是在与人脑进行"智能配合"后，未来的人工智能的概念就是机器人智能与人类大脑相互融合，人机合一。

你知道吗

电脑芯片

电脑芯片是个电子零件，在一个电脑芯片中包含了成千上万的电阻、电容以及其他小元件。电脑上有很多的芯片，内存条上一块一块的黑色长条是芯片，主板、硬盘、显卡等上都有很多的芯片，CPU也是块电脑芯片，只不过它比普通的电脑芯片更加复杂精密。

目前，科学家通过已有的五种扫描技术，使得人类第一次能看到大脑生成思想的过程和智能化结构。科学家通过收集到的大脑数据建立起有关人类大脑的详细数学模型，用于机器人智能与人类大脑的融合。

目前，最新的超级计算机每秒上亿次的计算足以在将来扫描大脑的所有区域，甚至可以超越人类脑细胞的运算极限。最终，这些人工智能机器人使用的智能终端将比人类更聪明，能将生物和非生物智能的优势结合起来。虽然很多科学家担心这是机器智能的外来入侵，是对人类文明的一种威胁。但是，机器人毕竟是人类制造出来的。

　　目前，美国科学家正在尝试把一种微小的智能机器人放进血管。这种机器人就像人类的白血球一样，能针对特定的病原体无线下载软件，在几秒钟的时间里就能破坏病原体，而人体的白血球要花几个小时的时间才能破坏病原体。

　　科学家相信，将来使用同样原理的微型人工智能型机器人可以通过毛细血管进入大脑，控制和影响人类大脑。它们将增强我们的认知功能，真正地扩展人类的大脑。

🔘▶ 为民献爱心——服务机器人

　　自改革开放以来，人们生活水平不断提高，家庭里"几大件"已从彩电、冰箱、洗衣机，换成了电脑、移动电话，不少年轻人开上了自己的汽车，这些变化不只显示了人们的富有，更重要的是人们的生活质量的提高。

　　诚然，目前我国还属于发展中国家，与发达国家相比，人民的生活并不富裕，但有一点请不要忘记，我国自行研制的机器人的成本远比国外的低，有的仅是同样产品的几分之一，这样，我们可以相信在不久的将来，我国的普通家庭里会有机器人供人们使用。

　　目前，服务机器人已初露头角，种类繁多，显示出了广阔的应用前景。

◀◎ 护士助手机器人

　　1985 年，Unimation 公司研制成功了护士助手机器人，1990 年开始出售，目前已在很多国家的医院投入使用。它是自主机器人，只要编好程序，就可以完成医院内多项工作：送医疗器械和设备；送试验样品和结果；送药、送饭、送病历……

　　护士助手机器人的行走部分由行驶控制器和多个传感器组成，由于它具有全方位触觉传感器，能保证行走中不会与人相撞，在走廊利用墙角定位；在较大空间则利用专门设置在天花板上的反射带，由向上观察的传感器定位。1997 年，护士助手机器人开始在英国的一家大型教学医院试用，据统计，护士助手机器人每天工作 18 小时，每周工作 7 天，大大提高了医务人员的工作效率。它的体积是 900 毫米 × 800 毫米 × 1400 毫米，质量 16 千克，载重 45.4 千克，行进速度 61 厘米/秒。

护士助手机器人

◎ 导盲机器人

蓝天、白云、青山、碧水，嫩枝上开着绚烂的花朵，大自然给我们展开一个五彩缤纷的画卷……然而在一些朋友的眼里，却永远是黑暗的世界，他们看不到太阳的七色光，看不到母亲的容貌，他们的生活非常不便，这样的盲人朋友遍布世界的各个角落。

科学发展到今天，我们有责任，也有能力帮助他们，尽管目前还不能给他们恢复光明，但应尽最大可能给他们解决生活上的不便。为解决盲人朋友出行困难，日本研制的"导盲犬"机器人应运而生，它以蓄电池作动力源，并装有电脑和感觉装置，可以不断地检测路标，带领盲人绕过障碍物前进。

在这个基础上，日本又开发了更高级的导盲机器人，应用电脑环境识

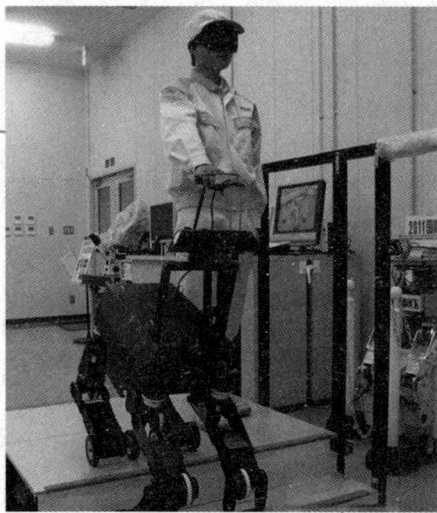

导盲机器人

别技术，在通过耳机问清使用者目的地之后，就能通过摄像机和传感器识别周围环境，越过障碍将使用者引导到目的地。该机器人外形像一辆手推车，使用者只需要跟在后面，其速度为每小时 3 千米，尺寸是长 1 米、高 1 米、宽 60 厘米。它的不足是目前上下台阶还不够自如，有待于改进和提高。

◎ 导游机器人

以前我们去博物馆、科技馆参观，总有手持话筒的工作人员向人们讲解、宣传，而现在在日本本田公司本部一楼展厅做导游工作、介绍商品的却换成了新型"阿西莫"机器人。"阿西莫"是两足机器人，可以完成许多复杂的动作，漂亮的嘴和眼睛，很是楚楚动人。更引人注目的是，它具有语音识别功能，能回答

导游机器人

50 种不同的提问，如"请问你的出生年月日""为什么取名'阿西莫'"，还能对 30 种语言口令作出动作，如"向右转""鞠躬"等。

应当指出的是，虽然目前"阿西莫"只用于公共场所导游、宣传，但是设计者认为它完全可以应用于危险环境的工作。

与别名"钢领"的工业机器人相比，中国科技馆展出的我国导游机器人"灵灵"就显得更温柔、幽默，长着红嘴唇、黑眉毛，不时用微笑迎接着参观的人们。它可以自主无缆行走，还能随场景变化向参观者进行讲解，如果你挡了它的路，它会说"劳驾"。它有避障功能，可以绕过你继续前进。

"灵灵"质量 60 千克，长、宽为 70 厘米，高为 140 厘米，由蓄电池供电，一次充电可工作 4 小时，是由海尔哈工大机器人公司研制的。

"灵灵"除了做导游，还可以在医院帮助护士送药，在餐厅帮助服务员送

食品等。

◎ 轮椅机器人

目前，我国已进入老龄化社会，60 岁以上的老人已占人口总数相当大的比例，我们经常可以看到行动不便的老人乘坐轮椅，由别人推着缓缓前行。这种轮椅使用起来有很多不便之处，特别是还需要别人来推，于是，如何使用高科技进一步改善它，以提高老年人的生活质量，就成了一个迫切的课题。

中国科学院自动化研究所研制成的"智能轮椅"，头上长着"眼睛"——装有摄像头，并装有超声波反应器和微电脑，可以通过语言交互（例如通过麦克风）、聋哑人头部姿势或者手语指令来控制其运动，能识别 6 米以内的障碍物，能及时转弯或后退，还能爬 45°的斜坡，在家庭环境里走一遍，就能记住环境，比如按指令去卧室或客厅。

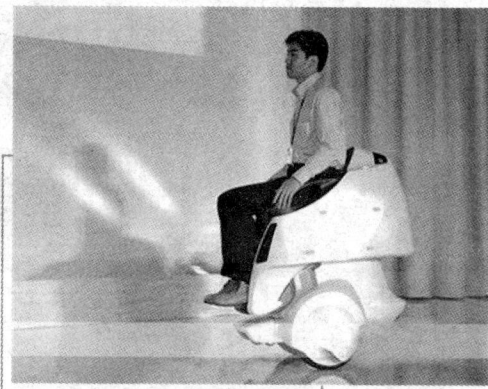

轮椅机器人

知识小链接

超声波

超声波是频率高于 20 000 赫的声波，它方向性好，穿透能力强，易于获得较集中的声能，在水中传播距离远，可用于测距、测速、清洗、焊接、碎石、杀菌消毒等，在医学、军事、工业、农业上有很多的应用。超声波因其频率下限大约等于人的听觉上限而得名。

◎ 康复机器人

当你清晨梳洗过后，吃过早点，轻松地踏上上学或上班之路时，你肯定觉得这一切非常平常，你可能不曾想过，这一切会使另一些朋友投来多么羡慕的眼光，对你这种轻松自如的生活，他们是多么向往，甚至是终身都不可能实现的，他们就是我们的残障朋友们。

为帮助并提高残障人士的生活质量，英国研制出 Handy I 康复机器人，这是目前世界上最成功的康复机器人。它最早是针对一个患脑瘫的 11 岁男孩设计的，是用现成的机器人改进的，选用了 5 个自由度带手爪的 Cyber 机器人臂，人机接口是一个扩展了的键盘，也就是说男孩用键盘操作机械手臂，经过反复试验，男孩在机械手爪的帮助下，竟然独立地吃完了第一顿饭！令男孩家长和机器人研制者惊叹不已。

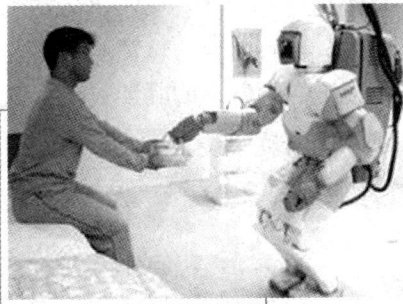

辅助康复的机器人

研制者们没有满足于已有收获，又研制出了 Handy Ⅱ，通过一个光扫描系统，使用户可以在餐盘中选择食物，即把餐盘中食物分放到几个格中，从后面投来光线进行扫描，当光线扫描到用户想吃的食物时，只要按键启动 Handy Ⅱ，一勺食物即会送到口中。

Handy I、Handy Ⅱ 的餐盘是放在一个托盘上的，为了扩展 Handy I、Handy Ⅱ 的功能，生产了 3 种不同的托盘，即吃饭（或喝水）、洗脸（或刮脸）和化妆托盘，以适应用户的不同要求。

Handy I 这样的机器人，可以提高残障人士生活的自主性，受到世界瞩目，相信这种机器人会有很大的市场前景。

◎ 服装设计机器人

随着生活水平的提高，我国人民逐渐讲究起服饰来了，鲜艳多姿的服装更衬托着人们对美好生活的向往。服装设计是一项技术性复杂的工作，甚至在服装学院还专门设置了专业，除了必需的基本知识，更需要丰富的经验，因此，服装设计师也成为令人瞩目的职业。然而今天，这些引以为傲的服装设计师们却受到了最大的挑战，服装设计机器人诞生了。它的诞生地是哈尔滨工业大学群博智能机器人研究所。

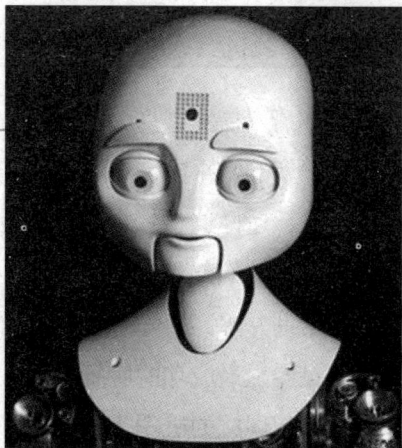

通常设计制作服装，需要用大脑思考、用手（或机器）剪裁缝制。服装设

服装设计型机器人

计机器人同样具有"脑"和"手"，人们只需要把大量的服装式样储存在微电脑控制的"大脑"里，给出必要的数据，机器人就可以进行智能的分解和测算，准确地给出剪裁的数据，然后利用机器人的"手"自动将预先放在轨道上的布抽出，进行剪裁和缝制，甚至于你可以把你想象中的服装式样绘成图片，扫描进机器人的大脑，同样可以得到满意的新款服装。由于依靠机器人的计算机辅助设计的能力，丝毫不懂服装设计的人，也能"设计"出精美的服装。

知识小链接

微电脑

一般来说，微电脑是一种以微处理器作为其中央处理器的电脑。微电脑一般的特色是它们仅占据实体上的小空间，笔记本电脑、平板电脑，以及很多的手提装置的形态都是微电脑的范例。

这种技术原来只有日本、法国掌握。这类机器人我国靠进口，一台大约需56万人民币。专家分析，哈尔滨工业大学的这种智能机器人，完全达到了世界前沿水平，而成本大约只需 6 万元人民币。我国是一个大国，人口众多，相信这种机器人的市场将是十分广阔的。

◎ 厨师机器人

常言道"民以食为天"，"人是铁，饭是钢，一顿不吃饿得慌"，但是一日三餐的准备和制作却给人们带来很大的麻烦和辛劳，尽管现在厨房里有了电饭锅、微波炉……但因为这些设备都只具有单一功能，仍要人们花不少时间去操作。美国华裔发明家黄万党经过 10 年的研制，终于制出厨师机器人，只要把一张食谱放入电炉，这个厨师就可以奉上一顿丰盛的佳肴。

它的主要结构是一个电脑微处理器、一个变速箱、一只电锅和一个记忆卡，体积只有烤面包箱那么大，质量约 23 千克，煎、炒、炸、烧等功能一应俱全。

用的时候，用户只要把切好的食物材料装入分隔器中，插入记忆卡，它就能在适当的时刻将应放的食物材料放入，并加上适当的调料进行加工。

用这种机器人大大缩短了做饭的时间，减轻了人们的劳累，特别对"围着锅台转"的家庭主妇有着更大的帮助，提高了人们的生活质量。

◎ 餐厅机器人

每当我们去餐厅吃饭，进门后会有服务员接待，送上菜单，而在日本的一家餐馆里，迎接客人的却是机器人。当你随便坐到一个餐桌旁，机器人立刻就会主动前来，礼貌地打招呼，伸出手臂送上菜单，并说"请点菜"，当你点好菜后，它会回到厨房让厨师做菜，厨师做好后，它会送到餐桌上，用餐过程中，还不时来关照一下，餐后，它会主动来帮您结账。一个机器人可以服务 5 个餐桌。第一次来的客人往往被弄得目瞪口

餐厅服务型机器人

155

呆，这是怎么回事？原来餐厅的每个餐桌上都设有传感器和标记，客人一来，传感器就通知机器人，而机器人身上也有传感器能"看到"每个桌子上的标记，于是便能主动到餐桌服务了。

◎ 机场分检机器人

拓展阅读

集装箱的价值

集装箱是指具有一定强度、刚度和规格，专供周转使用的大型装货容器。使用集装箱转运货物，可直接在发货人的仓库装货，运到收货人的仓库卸货，中途更换车、船时，无须将货物从集装箱内取出换装。集装箱最大的成功在于其产品的标准化以及由此建立的一整套运输体系。能够让一个载重几十吨的庞然大物实现标准化，并且以此为基础逐步实现全球范围内的船舶、港口、航线、公路、中转站、桥梁、隧道、多式联运相配套的物流系统，这的确堪称人类有史以来创造的伟大奇迹之一了。

机场旅客行李分检工作，是一项费时费力的工作，工作人员要按行李上标签的航班和到达的机场进行分类，逐个分送到各传送带上，而且飞机在机场停留时间有限，所以工作时间紧迫，更加重了劳动强度。目前世界各国机场绝大多数还都是人工分检，而英国伦敦希思罗机场却是另一种景象：行李分检处看不见身强体壮的分检员忙碌，只见机场分检机器人利用计算机识别每件行李上的标签，发出指令，机场分检机器人上的机械手自动抓住行李箱，分放到相应的自动传送带上，再送到不同的集装箱里等待送上飞机。机场分检机器人每秒钟能分检一件行李，效率比原有分检系统提高 3 倍以上。不过，目前还是半自动化系统，还需要少数工作人员辅助。

◎ 清扫机器人

"佳仆"是巴黎地铁站的一名清扫工，上工时和其他工人一起上班，很

"自觉"地走向自己的岗位，在车站内进行刷洗、吸尘、喷洒消毒液。当迎面走来一位旅客接近它时，它会停下，旅客过去，又继续工作。只要在站台内走两个来回，它就能把地面打扫得干干净净，之后还能很负责地把工具放回壁柜，在场人员一看表，只用了 5 分钟。这时候，机器人停下来，等待召唤。只要工人一声令下，它又会随工人乘地铁去下一站工作。如此忠实的清扫工却是法国开发的一种机器人。它遇到旅客时之所以会停下，是因为设计者为了安全有意为它设计了避障功能。

◎ 吸尘机器人

香港城市大学智能设计、自动化及制造研究中心开发出了吸尘机器人，它是为医院病床床下吸尘设计的。为适合床下走动，吸尘机器人身材矮小，动作灵活，一经调好时间按钮，它就在床下四处走动吸尘，机身和机顶装有感应器，一旦走出床底范围或碰到墙壁立即退回，继续工作。

吸尘机器人

◎ 收集垃圾机器人

在一些城市里，每天定时有收垃圾的车巡回，听到工人的铃声，人们会把自家的生活垃圾送到车上。今天在日本已有收集垃圾的机器人，不过一般只在公司办公大楼里收办公垃圾。在办公大楼里，人们常见到这位新的成员：尺寸为长 96 厘米，宽 58 厘米，高 98 厘米，体形并不漂亮，简直就像个垃圾箱。它凭借脑子（电脑）中储存的大楼和各办公室的地图，借助大楼墙上专门给它贴的条码或标记行走，还会发出"收垃圾了"的通知信号，提醒人们来倒垃圾，收满垃圾之后，会自动将垃圾送到垃圾存放处去。

它是一个自律型机器人，工作起来还必须与具有通信功能的电梯和垃圾存放处相配合。

◎ 交警机器人

众所周知，在城市里，交通事故时有发生，其结果会造成车辆损坏、人员伤亡、交通堵塞、环境污染等一系列问题。

收集垃圾机器人

美国加利福尼亚州，正在研制一种机器人交警队员，取名"ATONS"，每当出现交通事故时，用"ATONS"先去现场处理，以减少处理时间。

在马路上，设置足够的摄像头和声波传感器，组成监视系统，随时监视路面情况，再由宽带通信系统把信息传输到控制中心，控制中心再传给每个"ATONS"。当出现事故时，控制中心立刻派遣最近处的"ATONS"前去处理，进行执法。据称，美国将投入300万美元开发这一系统，以期尽快投入使用。

知识小链接

通信系统

通信系统是用以完成信息传输过程的技术系统的总称。现代通信系统主要借助电磁波在自由空间的传播或在导引媒体中的传输机理来实现，前者称为无线通信系统，后者称为有线通信系统。当电磁波的波长达到光波范围时，这样的电信系统特称为光通信系统，其他电磁波范围的通信系统则称为电磁通信系统，简称为电信系统。

◎ 消防机器人

常言道：水火无情。特别是在人口密集的城市，一场大火，能够把人民财产毁于一旦。以北京为例，北京现在高层建筑林立，据了解，高楼的防火问题尚未解决，虽然采取了某些措施，但仍缺乏实践考验。在救火中，消防人员受伤、牺牲的事时有发生。为了更有效地灭火，保证消防队员的安全，研制消防机器人就迫在眉睫了。

消防机器人

（1）家用消防机器人。美国正在研究一种家用消防机器人，它用一种红外线和紫外线混合的传感器来探测火焰。为了预防火灾，事先在每个房间都设有烟警器，当烟警器响起时，它立刻作出反应，以最快的速度、最短的途径到各房间进行检查，一旦发现哪里的红外线辐射水平高出常值时，就会进一步检查，如发现火种，就会用随身携带的灭火器将其熄灭。经过试验，获得成功。

广角镜

灭火器的分类

灭火器的种类很多，按其移动方式可分为手提式和推车式；按驱动灭火剂的动力来源可分为储气瓶式、储压式、化学反应式；按所充装的灭火剂则又可分为泡沫、干粉、卤代烷、二氧化碳、酸碱、清水等。

目前，由于这种机器人不会爬楼梯，楼房里必须每层设置一台，预计将会逐步完善，未来不久即可实用。

我国的家用消防机器人研制工作也在进行。2000年11月，在中南大学进

行了一场机器人灭火比赛，在建筑物模型的一个小房间内放置了一根燃烧的蜡烛，比赛时，要求机器人在最短的时间里找到蜡烛，并立刻用自己头上的风扇将其吹灭。选手们使用统一的智能机器人平台，自己编写运行程序。这虽然是个简单的模拟比赛，参加的也只是中小学计算机高手，而且机器人也只是一个个雏形，但正如比赛组委会负责人所说，家用消防机器人是个方向，相信在不久的将来，会有很大的发展。

（2）遥控消防机器人。日本在这方面起步较早，20世纪80年代就制成两种遥控消防机器人，并且投入使用。由于现场救火具有很大的危险性，设计者选择了距火场一定距离遥控灭火的方式，1986年投入使用的是履带式的，每分钟能喷出3吨泡沫或5吨水，速度10千米/小时；1989年研制成功的一种，是由喷气发动机驱动前进，专门供狭窄隧道或地下区域灭火，特点是在灭火时，其喷嘴能把水转变成高压水雾喷向火场，其体积为45厘米×74厘米×120厘米。

英国于1998年也投入使用一种遥控消防机器人。这种机器人在火灾中心作业时，操作者可在100米之外遥控，其体形像一辆叉车，由柴油机驱动。为了增强耐力，采用了实心橡胶轮胎，可以前进或后退，速度为18千米/小时，可在800℃高温下工作。遥控消防机器人顶部有摄像机，可以将现场图像传给百米之外的指挥者。该机器人具有一个大的机械臂，臂端安装各种灭火工具：叉子、铁锹等，还有用液压系统控制夹取物体的夹子，以便必要时从火灾现场夹起一些危险品，使之远离火种。这种机器人带有水箱，也可以就地取水灭火。

◎ 爬壁机器人

人在水平面上行走或工作，相当灵活自如，而要在垂直于地面的壁面上行走，就十分困难。但是，随着科学技术的发展，生产和生活中要求人必须完成在竖直平面上的作业，例如，放射性物质储罐和大型煤气罐焊缝的检查、消防急救工作、高层建筑墙壁的清洗等。又如，我们常看到消防队员借助楼房的雨水管向上攀登，腰缠安全带的所谓"蜘蛛人"在高楼墙面上擦洗玻璃，这样的工作不仅效率低还相当危险。

　　随着科学技术的发展，爬壁机器人应运而生，用这种机器人代替人在竖直平面上工作，既避免了危险性，又能提高工作效率。对爬壁机器人的技术要求是：既要能牢固地吸附在壁面上，又要能行走移动，这是爬壁机器人必须具备又相互矛盾的两项功能；由于墙（或罐壁）不可能是完全光滑的，总会有凸起和沟缝，因此要求爬壁机器人有跨越的功能；壁面一般都很高，要求爬壁机器人能够做到遥控；适应高空、室外工作的特点，要求爬壁机器人的执行机构（如清洗机构）和控制机构能够做到重量轻、体积小。

　　目前，爬壁机器人与壁面间的吸附原理有以下 3 种：

你知道吗

"蜘蛛人"是什么

　　"蜘蛛人"，一般指那些攀爬在城市高楼外墙上进行清洁工作的工人，由于他们能很好地利用各种安全设备及自身平衡能力待在高楼的侧面，像蜘蛛一样，所以被称为"蜘蛛人"。他们靠一根保险绳把自己悬挂在几层、十几层、甚至几十层高的大楼外，从楼顶开始缓缓下滑，然后清洗楼层的玻璃和外墙，成为扮靓城市的一道独特风景。

　　（1）对于导磁的壁面（如金属大罐）是应用电磁吸附原理，即利用永久磁铁或电磁铁与导磁壁进行吸附。日本曾开发出多种磁吸附爬壁机器人，其行进方式有车轮式、步行式、吸盘式、履带式等。

　　（2）对于不导磁壁面，如不锈钢焊接大罐、高层建筑玻璃幕墙、瓷砖墙面等，可以用真空吸附（负

能爬墙的机器人

压吸附）原理。

1993 年，日本研制的负压吸盘爬壁机器人首次亮相。一座几十米高的大楼突然起火，当时，要用消防队员上去营救已十分困难，于是，用负压吸盘爬壁机器人沿着高楼外墙上去调查火情，利用负压吸盘在高墙上自由移动，进行营救和灭火。

我国负压吸附爬壁机器人的研究始于 1988 年，哈尔滨工业大学和上海科技大学等高校起步较早。

2000 年 6 月，哈尔滨工业大学研制的清洗机器人 "CLR－2" 已在北京国贸大厦、洲际大厦试用成功。这种机器人与清洁工协同工作，负责高楼表面清洗工作。它以每秒 2～10 米的速度沿楼面灵活移动，进行喷雾、刷洗等高效清洗工作，相当于 8 个熟练工人的工作量。该机器人体积相当于脸盆大小，质量为 23.2 千克，能爬高 70 米。

北京航空航天大学为北京西客站研制的高层建筑擦窗机器人，由机器人本体和地面支援小车两部分组成，本体采用十字框架结构，由两个交叉气缸组成，使机器人可以沿 X、Y 方向移动，Z 向导向气缸用于提升底面的 8 个真空吸盘，通过吸盘的交替升降和吸附，结合 X、Y 气缸的移动，使机器人在玻璃表面上一步一步地行走，该机器人能感知和识别窗框等障碍物，并自主决定越障。地面支援小车则负责控制，且负责供电、供水及回收污水的工作。该机器人具有重量轻、运动灵活的特点，经试验取得了较好的使用效果。

（3）对于不导磁壁面，可以采用的另一种吸附原理，就是利用航空技术。

拓展阅读

电磁铁的优点

电磁铁磁性的有无可以用通、断电流控制；磁性的大小可以用电流的强弱或线圈的匝数来控制，也可改变电阻控制电流大小来控制磁性大小；它的磁极可以由改变电流的方向来控制，等等。也就是说，电磁铁磁性的强弱可以改变，磁性的有无可以控制，磁极的方向可以改变。

我们知道，在飞机前面装一个螺旋桨，螺旋桨转动产生拉力，就可使飞机前进，如果把螺旋桨装在飞机后面，就会产生向前的推力，推动飞机前进。北京航空航天大学研制的另一种爬壁机器人，就利用了这一原理，即在爬壁机器人上装上一个螺旋式的涵道风扇，转动时就可以产生一个指向壁面的推力，将爬壁机器人牢牢地压在壁面。在楼顶上有一个缆车用缆绳拉动爬壁机器人，靠轮子在壁面上移动。爬壁机器人各部分的整体协调控制由地面设备进行操作。这种机器人结构比较简单，清洗速度 10 平方米/分钟，是人工清洗的 5～10 倍。

近年来，我国城市建设速度加快，高层建筑如雨后春笋一般拔地而起，为了维护城市面貌，建筑物壁面的清理问题被提上了日程，北京市政府也提出建筑物表面必须定期清洗的要求，这将给爬壁机器人的发展提供广阔的前景。

◑ 天堑变通途——工程机器人

随着经济建设的发展，野外施工工程项目日益增加，铁路、公路的建设与维修，高压输电网的建设，油、气管道的铺设与维修……这些工程的特点是工作带有一定的危险性，野外作业，劳动条件差，并且多为重复性劳动，体力劳动繁重。怎样才能将人们从这些沉重的劳动中解脱出来，就成了世界各国急需解决的问题。于是就先后出现了一些工程机器人。由于作业性质千差万别，所以这些工程机器人往往是专用的，即针对单一工程要求的。工程机器人的工作环境处在野外，从而给该种机器人的研制带来很大困难。

工程机器人主要有：架空线检查机器人、高压线作业机器人、爬缆索机器人、换铁轨机器人、"穿地龙"机器人、挖掘机器人、铺设光缆机器人、水中涂装机器人、喷浆机器人、清洗飞机机器人和管道机器人。

◎ 架空线检查机器人

架空线检查机器人

在电力工业迅速发展的今天，不论在城市还是在原野，举目望去，到处是架空线，显而易见，这些架空线要是靠人力检查，不仅困难，而且还会给施工人员带来危险。日本研制出的架空线检查机器人，由控制装置和机器人本体两部分组成，控制部分放置于地面上，包括电脑、显示器、伺服控制器和通信设备，本体上装有带传动装置的驱动马达、摄像机、电池等，本体靠3个轮子夹在架空线上。这种机器人的特点是：伺服控制器与传动装置之间、摄像机与图像接收器之间的信息传递都是无线的，从而使机器人本体做到了体积小、重量轻，长度仅为500毫米，它通过前后平衡器可以改变重心，沿架空线螺旋移动，以躲避线上的障碍物。但是由于采用电池供电，而电池容量有限，使得机器人的行走距离受到一定限制，还有待于提高。

◎ 高压线作业机器人

配电工程中带电作业是很危险的，特别是在架空配电过程中，要求不断电的情况下，连接、切断高达6600伏的高压配电线，为了防止触电，操作者不得不配备胶靴、橡胶手套、垫肩等绝缘装备，使得工作起来十分笨重，准备起来也费时费力。

日本开发出一种质量22千克的机器人，与架空线检查机器人相似，被放置在高压线上，可以远距离遥控作业，还可以全自动剥开绝缘皮层，连接起剥光的电线，并紧固线夹，一

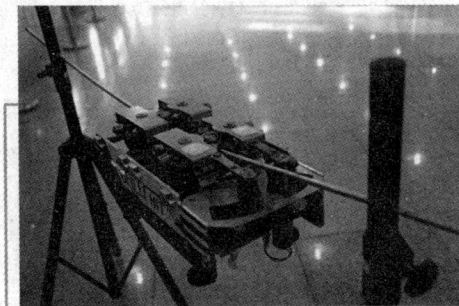

高压线作业机器人

次连接工作仅需 15 分钟。

◎ 爬缆索机器人

目前，世界上现代桥梁不少采用了斜拉桥的形式，比如南京长江二桥等。其他大型建筑，如上海浦东国际机场、虹口体育场等，也采用了斜拉桥结构。斜拉桥结构带来一个棘手的问题是，这些缆索的检测、涂装非常困难，沿用过去人工方法，不仅工作效率低，而且相当危险。上海黄浦江大桥工程建设处与上海交通大学联合研制成的爬缆索机器人解决了这一问题。

该机器人由机器人本体和机器人小车两部分组成，机器人本体可沿斜缆索爬升，自动完成检查、打磨、清洗以及涂装等工作，地面小

爬缆索机器人

车则负责向机器人本体提供水和涂料，并监控机器人本体在空中的工作情况。这种机器人可爬高 160 米，缆索角度为 0～90°，可适应直径为 90～200 毫米的缆索，爬升速度为 8 米/秒。系统具备一定的人机交互功能，能在空中判断风力大小等环境条件，并能采取相应措施。

知识小链接

斜拉桥

斜拉桥又称斜张桥，是将主梁用许多拉索直接拉在桥塔上的一种桥梁，是由承压的塔、受拉的索和承弯的梁体组合起来的一种结构体系。它可看作是拉索代替支墩的多跨弹性支承连续梁。该结构体系可使梁体内弯矩减小，降低建筑高度，减轻了结构重量，节省了材料。

◎换铁轨机器人

目前，在世界上火车是一种重要的交通运输工具，特别是在幅员辽阔的我国，铁路是主要的交通命脉。在火车运行中，铁轨的累积载重和磨损都相当严重，为了保证运输安全，就必须定期更换铁轨，而铁轨是由螺栓固定在枕木上的，螺栓的布置相当密集，大约每100米铁轨上就需布置300个，换轨时，拆、装螺栓的工作就成为艰苦、单调、重复的体力劳动，长期以来，给铁路工人带来了极大的烦恼。

铁 轨

美国专家设计了一种机器人，外形很像一把扳手，工作中，一发现螺栓，就会停在它的中心位置，把螺栓拧下来，这些"小扳手"被固定在一个工作母机上，由工作母机带动沿铁轨行进，当工人换上新轨之后，它们就会靠视觉系统找螺栓，并把螺栓拧在应有的位置上。

日本也研制出了一种该类型的机器人，用来拆除和拧紧固定铁轨的螺栓。这种机器人装有发电机，是自走型机器人，机器人沿铁轨行走，装在它上面的传感器能测定到螺栓，用手臂拆卸或拧紧螺栓，据实测每分钟能拆除17个螺栓，可使换轨工作提高30%的工效，但该机器人价格昂贵，约合70万人民币一台。我国是铁路运输大国，设计研制适合我国国情的同类作业机器人，应当说是一项急需的工作。

◎"穿地龙"机器人

随着城市建设的发展，地下铺设的已不仅是自来水和暖气管道，还增加了天然气管道等，特别是为了提高人民的文化素质，享受高速语音和数据通信提供的服务，近年来，又增加了光缆的铺设。为了检查这些管线，我们经常会见到好端端的路面被挖开了又填上，特别是在严寒的冬日里，民工奋力挥镐下去，也只能挖开一点点路面，效率极低，还造成行路困难，有路人戏称道"真不如给马路装个'拉锁'，比挖填方便"。

基本小知识

光　缆

　　光缆是一定数量的光纤按照一定方式组成缆心，外面包有护套，有的还包覆外护层，用以实现光信号传输的一种通信线路，即由光纤（光传输载体）经过一定的工艺而形成的线缆。光缆主要是由光导纤维（细如头发的玻璃丝）和塑料保护套管及塑料外皮构成，光缆内没有金、银、铜、铝等金属，一般无回收价值。

　　为解决这个问题，哈尔滨工业大学开发出一种"穿地龙"机器人，使用时，在地面遥控台遥控、检测机器人在地下的工作情况，控制它按预先设计的路线行进。这种机器人能检测障碍物，自主避障，可用于各种直径、各种管线的铺设，不需要挖辅助作业坑，没有环境污染问题。这是我国不开挖技术的一项重要成果。

◎ 挖掘机器人

　　日本电话公司（NTT）开发出一种机器人，可以代替人在地下进行挖掘，开出隧道，安装电缆。该机器人由一个挖掘模块（半径 35 厘米，长 270 厘米）和一个盒状主机（长 258 厘米，宽 140 厘米，高 270 厘米）组成，工作时，主机需埋在地下，通过地上电缆进行工作，挖掘过程中，挖掘模块通过震动挖开土壤，甚至硬土。据测试，利用这种机器人挖掘与用传统设备相比，可

挖掘机器人

提高工效 2/3，降低成本 1/2，更主要的是免去了露天挖掘引起的交通堵塞和环境污染。

◎ 铺设光缆机器人

会铺设光缆的机器人

在城市里，利用下水道解决光缆铺设问题是一位曾担任过废水循环处理的美国工程师偶然想到的，这一灵感居然解决了人们长久以来头痛的问题。

2001 年 3 月，美国新墨西哥州传来喜讯，一个叫作"下水道进入模板（SAM）"的防水机器人诞生了。SAM 是一个长 30.9144 米、圆柱形的细长机器人，在下水道里活动自如，防水性极好，可以在 4 米深的下水道里铺设光缆，现已投入使用。由于 SAM 个头小，加之它不具备嗅觉，再狭窄、再恶臭的下水道，它都能进出。但至今问题解决得还不够十全十美，SAM 还不能完全独立工作，还要靠人帮忙，由人将其送进下水道口，帮助它完成光缆接头工作，作业时还必须有 3 名工作人员监视它的工作进展情况。到目前为止，SAM 比人工挖掘铺设提高效率 60%，大大改善了工人的工作条件和环境。

◎ 水中涂装机器人

由于工程需要，常常要在河

你知道吗

码头的功用

码头是海边、江河边专供乘客上下、货物装卸的建筑物，通常见于水陆交通发达的商业城市。人类利用码头，作为渡轮泊岸上落乘客及货物之用，还可能是吸引游人及约会、集合的地标。在码头常见的有邮轮、渡轮、货柜船、仓库、海关、浮桥、鱼市场、海滨长廊、车站、餐厅或者商场等。

湖沿岸或水中设置管道或其他建筑物，例如码头上的一些装置。而对这些结构表面的保养、涂漆，始终是非常困难的工作。如果动用潜水员或是依岸搭建脚手架，不仅费用高而且操作者工作时相当危险。针对这种情况，英国发明了一种机器人，能在水中自动进行涂装，这种机器人能在两个方向转动，对直径 610～787 毫米的管道各部位进行涂装，最深能达水下 15 米。当机械手臂换上其他工具时，这种机器人还可以对其他形状的物体进行涂装。

◎ 清洗飞机机器人

伴着发动机的轰鸣，大型飞机掠空而过，银色的机身在阳光下闪闪发光，甚是壮观。但是要保证飞机永远清洁美观，却不是一件容易的事，飞机飞行过后，不仅表面有尘埃，表面的盐类还会腐蚀机体，必须定期清洗。而飞机外形复杂，特别是像波音 747 等一些大型飞机，结构庞大，要靠人工用刷子清洗，谈何容易。目前世界上多数国家还都是人工清洗，据称，清洗一架波音 747，需要 95 个工时，而为此，飞机必须在地面停留 9 小时，极其费时费力，而且工人劳动强度也很大。

清洗飞机机器人

日本航空公司与川崎重工业公司联合开发了自动清洗飞机的机器人系统，从 1990 年开始在东京国际机场使用，主要用于波音 747 等大型民航机。这种机器人由主体、监视器、中央控制站以及给水（包括洗净液）装置组成。外形尺寸：高 20 米，长 100 米，宽 80 米。主体是一个大型框架，框架上配置 16 台清洗器，清洗器上安装 6 种不同形状的清洗刷，刷子的形状是根据飞机被清洗的部位设计的，清洗时，用牵引车将飞机牵引至框架内，用经纬仪测量飞机的位置，用其与基准值的误差修正清洗数据，然后开动机器人进行清洗。

现场设有监视器，监视清洗情况，共需 5 名工作人员进行监视。清洗一架飞机只需 90 分钟。

波音 747

波音 747，又称为"珍宝客机"，是一种双层客舱四发动机飞机，是世界上最易识别的客机之一，由美国波音民用飞机集团制造。波音 747 于 1965 年 8 月开始研制，自 1970 年投入服务后，一直是全球最大的民航机，垄断着民用大型运输机的市场，到 A380 投入服务之前，波音 747 保持全世界载客量最高飞机的纪录长达 37 年。

与日本清洗方式不同的是德国普茨迈斯特等 3 家公司开发的"清洗巨人"。它由两套计算机和一个关节臂型机器人控制清洗飞机，其机械臂向上可伸高 33 米，向外可伸出 27 米。清洗时，两台"清洗巨人"机器人分别安置在飞机两侧进行清洗。先把不同机种的外形尺寸输入计算机进行编程，工作前用激光摄像机确定飞机位置，将信息输入计算机与所储存飞机尺寸进行比较，以便对"清洗巨人"机器人进行定位，然后用液压马达放出该机器人的支撑脚，开始清洗。目前在德国法兰克福机场正式使用，洗一架波音 747 需 12 个工时，飞机为此需滞留地面 3 小时。研制者不满足于已有成绩，拟将其作为试验平台进行研究，扩大其使用范围，如对飞机进行涂漆、喷漆、抛光，甚至进一步用来清洗过街天桥、高大建筑物窗户等。

以上两种机器人，因为都是针对波音 747 等大型飞机设计的，外观尺寸都很大，是目前世界上最大的机器人。

◎ 喷浆机器人

每当我们乘火车经过长长的隧道时，都会惊叹工程的浩大和当年建设者的艰辛。是的，单就隧道主体建成后的喷浆工序（向隧道壁、顶喷射混凝土）

来说，就是既劳累又危险的工作。由于人工喷射时，将近一半的混凝土要回弹，浪费大量原材料，还严重威胁操作者的安全，因为操作者被迫不敢抬头正视工作面，影响工作质量，虽然现在用喷浆支护的方法，但仍不能解决以上问题，国外从 20 世纪 60 年代起，就改用机械手喷浆。目前，我国主要使用进口机械手，价格昂贵，每年需要耗费大量外汇。

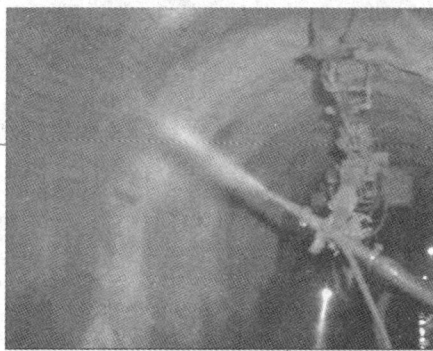

喷浆机器人

山东科技大学研制出矿井用喷浆机器人和大型喷浆机器人，已通过验收，从 2000 年 5 月开始，先后用于济南高速公路隧道和西安—合肥铁路隧道施工。与传统方法相比，它有明显的优越性：首先，保证了施工者的安全；其次，可以减少原材料损耗，提高了工程质量和效率。

◎ 管道机器人

日常生活中，在我们居住的小区或者大院里，地下埋有自来水、天然气、暖气管道，在油田，更有粗细不等、长短不一的输油管道，这些管道往往由

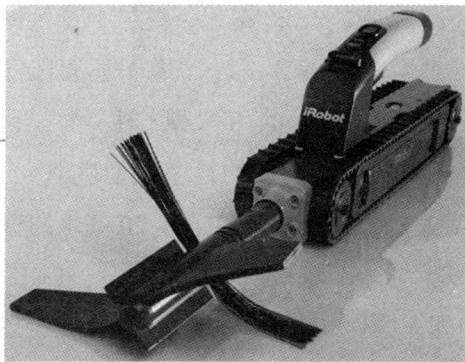

管道清洗机器人

于它的尺寸、所处环境（如埋在地下）、内装介质（如天然气、石油、高温热水等），不可能或不允许人们直接进入。这些管道的检查、维护十分困难。我们常常可以看到为了找一个管道焊缝的裂口，工人要挖开很长的一段路面，非常费时费力。随着生产和生活的现代化，人们使用的管道大量增加，这就给管

道机器人的开发创造了契机。而当前高科技的发展，计算机、通信、传感器等技术的突破，也给管道机器人的崛起创造了前提。

国外管道机器人起步于20世纪60年代。20世纪70年代，法国较早进行管道机器人理论研究和样机的制造，20世纪80年代以后，日本逐渐走在前面：日本冈田研制的 M-GRER 型管内机器人适用管径132～218毫米；福田、细贝研制的管内检测机器人可通过 L 形弯管道，由本体和头部两部分组成，用4个红外传感器感知识别弯头的位置和方向。

日本还研制成检查热电站进水管的机器人，能在热电站运行中进行工作。我们知道热电站需要靠进水管吸进海水，使推动涡轮的蒸汽冷却，运行中难免有海洋生物（如贝壳）进入并附着在管壁上，减少吸入水量，因此必须定期检查清理，人工清理非常困难，而且必须在停工时进行。这种机器人结构紧凑，长260厘米，宽90厘米，高75厘米，该系统由水下机器人、电缆绞盘、投放回收装置和控制室组成，设有8个推进器，用于前进和横向运动。该机器人底部装有2个旋转刀具，可以刮去海洋生物，还装有摄像机和探障声呐。这种机器人可以在水流速度不超过1.8米/秒时，以0.5米/秒的速度进行工作，即在热电站不停工条件下工作。

近年来，微型管道机器人已成为国际研究的热点，即能在管径小于20毫米管道中工作的机器人，用于微型管内探伤、医学肠内窥视等。日本一家公司研制的管内探伤机器人，直径5.5毫米，长20毫米，质量1克，可以在直径8毫米管道中作业，最大运动速度为10毫米/秒。仿蜘蛛垂直爬管微型机器人是由德国西门子公司研制的，分别有4、6、8只脚3种类型，利用腿推压管壁来支撑本体。还有一种仿蚯蚓运动模型的管道微型机器人，像蚯蚓一样，身体分成几段，最大速度2.2毫米/秒，可在直径20毫米的管道内运动。

最近，日本又研制出蚂蚁大小的机器人，长9毫米，宽5毫米，高6.5毫米，质量0.42克，用于检查火力发电厂内部细小的管道。传统方法是停止火力发电站工作，去掉保护壁，用微型照相机拍照检查，这种方法会耗费大量的时间和经费。用这种机器人，因为体积小，可以潜到管道里面去检查，行进速度为 2 毫米/秒，并且可以前后、左右任意移动。

知识小链接

火力发电厂

火力发电厂简称火电厂，是利用煤、石油、天然气作为燃料生产电能的工厂，它的基本生产过程是：燃料在锅炉中燃烧加热水并使它变成蒸汽，将燃料的化学能转变成热能，蒸汽压力推动汽轮机旋转，热能转换成机械能，然后汽轮机带动发电机旋转，将机械能转变成电能。

国内管道机器人研究，哈尔滨工业大学起步较早，1994 年研制成功直进轮式全自主管内移动机器人，先后又取得以下几项重要成果：

（1）管道内 X 射线检测系统。该系统是与大庆油建公司合作研制成功的，适用于直径 660 毫米管道。该机器人能在管内移动 300 米，解决了野外管道（石油管道、天然气管道等）探伤问题，定位精度达 ±5 毫米，移动速度 10 米每分钟，与人工探伤比较，可提高工效 6 倍，现已用于陕 – 京天然气管道工程 X 射线检测。

（2）管道内防腐补口作业机器人。金属管道施工时，每节管道都进行了防腐处理，但对接焊缝处，需要补充防腐处理。这种机器人能够识别焊缝位置，而且自动喷涂补口。现在研制出的机器人，应用于直径 75 ~ 660 毫米的管路，已经用到上海浦东国际机场内防腐补口。

（3）管内激光内表面热处理机器人。管内激光内表面热处理作业，传统办法是用一个长 20 米左右的专用设备进行，现在由管内激光内表面热处理机器人带动光导纤维，将激光传到管内，再由旋转的镜片反射到管道内壁上，完成热处理作业，显然这种机器人比专用设备大大降低了成本。这一技术已应用到大庆油田内防腐及抽油泵内表面处理。

近年来，上海交通大学也推出了几种新的管道机器人，主要有：

拓展阅读

长距离的信息传递
工具——光导纤维

光导纤维，简称光纤，是一种利用光在玻璃或塑料制成的纤维中的全反射原理传输的光传导工具。通常光纤一端的发射装置使用发光二极管或一束激光将光脉冲传送至光纤，光纤另一端的接收装置使用光敏元件检测脉冲。由于光在光导纤维的传输损失比电在电线传导的损耗低得多，更因为主要生产原料是硅，蕴藏量极大，较易开采，所以价格便宜，促使光纤被用作长距离的信息传递工具。随着光纤的价格进一步降低，光纤也被用于医疗和娱乐领域。

（1）微型管道蠕动机器人。这种机器人按照仿生学原理，制成多节电磁驱动单元，表面覆盖弹性密封膜，节与节之间由微型万向节连接，外形尺寸：直径 7 毫米，长 50 毫米，具有很好的机动性，适合用于柔软、光滑（或黏滑）、弯曲的狭窄环境中，例如化工、核能系统中，也可用于生物医学中人体内肠道等。

（2）微小型惯性机器人。这种机器人是应用压电器件的逆压电效应，通过机器人惯性体和移动体质量的一定组合，利用界面间摩擦力的微小型惯性机器人系统。该机器人通过特定的控制信号（包括信号的前、后沿波形）实现前进和后退的运动，改变驱动控制信号的频率，就能改变此机器人的运动速度。微小型惯性机器人主要应用于工业中微小空间和微小管道的探测和诊断，也可用于医疗系统中。

（3）微小型机器人内镜系统。这种机器人是利用上述两种微小机器人（微型管道蠕动机器人或微小型惯性机器人）配备微小型成像系统、传像系统及照明系统，构成介入部分；由微小型机器人控制器、计算机、图像处理系统等构成非介入系统，达到对微小空间和细微管道进行内窥检测的目的，可用于石油、化工、航空等领域，也可用于医学，实现在线实时检测。

上九天揽月——空间机器人

随着现代科学技术的发展，人们对太空探索的欲望更加强烈，但是由于太空与地球的环境相差甚远，比如火星上寒冬时昼夜温差可达120℃，而金星的表面温度大约为460℃，因此把真人送上太空的经济耗费和危险性都是相当高的，于是人们想到在真人进行探测之前，先派机器人进行探测。同时，在太空进行飞船修理、回收工作的宇航员也冒着长期失重、骨骼软化等各种危险，也急需机器人代替，因此发展空间机器人势在必行。由于空间机器人要在太空工作，条件恶劣，在研制中就必须达到比对地面机器人更苛刻的要求，如要求重量轻、发射成本低，能抓取起超过自身重量的物体、能承受发射过程中的震动等。

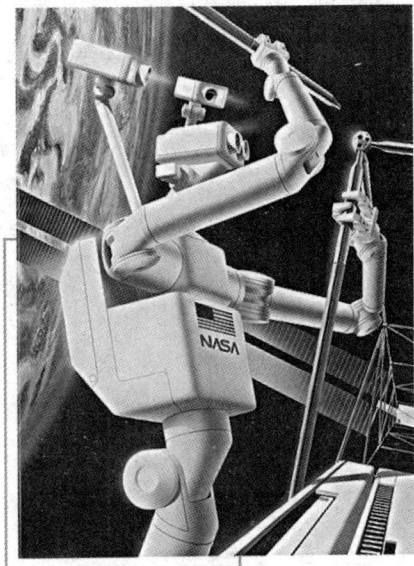

空间机器人

◎ 争相登月

月球是人们首选的探秘对象，美国、日本、俄罗斯以及欧洲一些国家都在加紧研究，到目前为止，只有美国人真正登上了月球，俄罗斯把机器人送上了月球。

美国设想用"诺曼德探险者"号大型月球车来代替空间站。该月球车上装有机器人臂，用来在着陆后把月球车与电源拖车连在一起，以解决月球车的能源供应，电源拖车包括燃料电池和太阳能充电系统。该机器人臂也可用来着陆后平整土地，供安顿月球车。

空间站的结构与组成

空间站的结构特点是体积比较大，在轨道飞行时间较长，有多种功能，能开展的太空科研项目也多而广。空间站的基本组成是以一个载人生活舱为主体，再加上有不同用途的舱段，如工作实验舱、科学仪器舱等。空间站外部必须装有太阳能电池板和对接舱口，以保证站内电能供应和实现与其他航天器的对接。

2000年下半年的一天，在我国清华大学某试验室，正在进行"机器人遥控操作系统"的试验表演，只见工作人员操作把手，屏幕上模拟太空中的机器人会听指挥运动，几秒钟后，另一个房间真的机器人手臂就会进行同样的动作，这相隔的时间恰恰是地球与月球信息传递的时间。而这个"机器人遥控操作系统"正是太空机器人成功的关键，这就说明，我国的登月工作在扎实地进行，中国机器人登上月球为期不远了。

◎ 挺进火星

长期以来，火星对人类来说还是个谜，如火星气候条件如何，是否有生命存在等，尤其人们对火星上是否存在水有很大的争议。一种意见是根据美国拍摄的火星照片上，有类似洪水泛滥留下的冲沟，认为这是由火星上地下水喷发造成的，因此表明火星上有水；另一种看法是认为火星表面温度很低，即使有

在火星上采集标本的机器人

水也将凝固……为解开这些谜团，各国相继研制机器人挺进火星，帮助人类

探索新的资源。

　　早在 1976 年，美国"海盗 1"号、"海盗 2"号飞船就登上了火星。20 年之后，1996 年 12 月 4 日"探路者"飞船首次携带机器人——"索杰纳"火星车，经 7 个月的飞行，于 1997 年 7 月 4 日在火星登陆。"索杰纳"体积小，重量轻，工作灵活，原计划工作 7 天，实际却工作了 3 个月。

　　近期美国研制出一种小型机器人，样子像一辆自动倾倒的铲土车，具有立体摄像机，可以拍摄 360°的全景视界。这种小机器人的特点是可以小组集体行动，研制者拟用以挖掘火星表面土地。

　　瑞士的科学家也不甘落后，正在设计一种球状机器人（直径约 2 米），取名"风滚草"，由于体重轻，可以借助风力在火星表面滚动。更有趣的是，这种机器人能随温度改变形状，在白天较高温度下呈平面状，便于内部的太阳能传感器对火星地表进行研究；到夜晚温度较低时自动恢复球形。人们可以利用这种机器人勘测火星表面地形，以便为太空探测器寻找合适的着陆点。

◎ 蛇形机器人

　　众所周知，眼镜蛇和响尾蛇不仅有剧毒、杀伤力强，而且运动灵活多变。近期，美国国家航空航天局宣布：他们研制了一种外形与眼镜蛇和响尾蛇非常相似的蛇形机器人，用于星际空间的探测工作。

　　这种机器人与以往的机器人相比，其优越性在于行走方式上，以前用轮子行走的机器人，遇到粗糙或陡峭的地形常常被绊倒或卡住，而这种机器人体形呈节状，能在任何粗糙的地面上行进自如。

你知道吗

眼镜蛇

　　眼镜蛇是眼镜蛇科中的一些蛇类的总称，主要分布在亚洲和非洲的热带和沙漠地区。眼镜蛇最明显的特征是颈部，该部位肋骨可以向外膨起用以威吓对手。因其颈部扩张时，背部会呈现一对美丽的黑白斑，看似眼镜状花纹，故名眼镜蛇。

蛇形机器人

目前，这种机器人身体各部分靠电线连接并传达信息，控制各关节的运转，研究者认为尚需进一步完善，制成真正的机械蛇。

我国国防科技大学研制出一种蛇形机器人，依照仿生学原理，全身分若干个节，其电机和控制系统配置在蛇身各节上，均匀合理，蛇头为控制中心，配有视频监视器，可以将前方的景象传到后方电脑中去，供操作人员观察，以便酌情发出遥控指令。这种机器人长1.2米，直径0.06米，重1.8千克，运动以波动为主，像蛇一样扭动身体，实施前进、后退、拐弯和加速等动作，最快速度达20米/分。目前设计者认为其除了可用在狭小危险条件探测外，还能在辐射、粉尘、有毒，甚至战场环境中进行侦察。应当说蛇形机器人与以往用轮子或步行的机器人不同，实现了"无肢"运动，是机器人运动方式的突破，可以作为一个研究平台，进一步试验研究，相信这种机器人在空间探测方面具有广阔的应用前景。

知识小链接

空间探测

空间探测是指对地球高层大气和外层空间所进行的探测，为空间科学的一个分支。空间探测以探空火箭、人造地球卫星、人造行星和宇宙飞船等飞行器为主，与地面观测台站网、气球相配合构成完整的空间探测体系。

◎ 太阳能机器人

太阳能机器人

为了解决登陆火星的能量问题，美国已研究利用太阳能做能源的机器人。机器人利用太阳能帆板追踪太阳而获得能量，能够昼夜不停地工作。一种名叫"亥伯龙"的4轮机器人已经诞生，样机基本参数为：2米长，2米宽，3米高，质量120千克，太阳能帆板面积3.5平方米，能产生200瓦电功率，一天可探索20多千米。这其中最大的问题是一旦太阳能帆板偏离了正常位置，将得不到电能，以前曾多次发生探测飞船因失去电能而失灵的事故。为此，研究者又开发了"太阳能同步器"，应用于"亥伯龙"号上，就是使机器人可以测定自己的方向和太阳的位置，随时找到最适合吸取太阳能的位置，即像向日葵一样，永远朝向太阳。目前为止，"亥伯龙"还是样机，有待实验考核，专家预言，如果这种机器人研制成功，可以在火星（或其他星球）上工作好几年。

◎ 宇航员的助手

为了提高宇航员在空间工作的效率，需要配备助手，美国正在研制一种能在航天飞机或空间站内漂浮的小机器人，其大小像个垒球，具有避免与其他物体相撞的系统。它们绝不会碰撞宇航员，能够自动监控生命保障系统和快速拍照，如传感器失效，它还能立刻接替监控

宇航员的助手

工作，并且具有可视通话能力，使宇航员与地面科学工作者通话。通常它们被装在飞船内，只要宇航员一声召唤（启动），就出来工作，由于其体积小，可以到宇航员达不到或不适合去的空间工作。

◎ 机器人宇航员

空间站和飞船中的宇航员，有不少重复性的烦琐工作，例如整理工具、固定保险带等，需要配备助手来完成。美国航空航天局正在开发一种有手指的机器人宇航员，外表酷似真人，具有头、躯干、臂膀，摄像机当作眼睛，最为突出的是它有一双灵活的手，有拇指和四指，动作自如，腕部转动的幅度甚至比人的腕部转动的幅度还大，可以使用各种工具。这种机器人靠人控制操作，当它把用摄像机拍摄的图像传给宇航员，宇航员就按需要运动自己的手臂和手指，宇航员手套上的传感装置将这些运动信号传给机器人宇航员，机器人宇航员就可以重复宇航员的动作，像人一样完成工作。用这种机器人给宇航员打下手，无疑会提高宇航员的工作效率。但它终究不能完全代替宇航员，因为太空中的工作复杂而艰巨，常有意想不到的困难，所以大部分工作还需要由善于思考的宇航员来完成。

▶ 下五洋捉鳖——水下机器人

由于生产和生活的需要，我们不断地开发和消耗着陆地资源，随着时间的推移，我们必须寻找新的资源领域，海洋就是其中之一。人们要发掘海洋丰富的矿产资源和生物资源，但海底特别是深水海底的开发，靠人下潜存在很多困难和危险，因此研究水下机器人是非常必要的，于是，世界各国迫不及待地开始研制水下机器人。

海底的情况十分复杂，它既不同于陆地，也不同于太空，给机器人的研制带来很大困难。海底压力会随着下潜深度的增加而不断增加，所以水下机器人各部分必须能够承受这不断增加的压力；水比空气密度大，就是说机器人在水中运动要消耗比在空气中更大的能量。海水是导电物质，能使无线电波迅速衰减，甚至无法传播，只好代之以水声技术，而且还要求机器人的电气设备、插件及电缆不能有丝毫渗漏；光波在水中散射，会被消耗和吸收，使传播距离缩短，给红外照相、遥感及远距离摄像带来困难。另外，由于海浪大，机器人回收困难也加大。

基本小知识

遥　感

遥感是指非接触的、远距离的探测技术。一般指运用传感器对物体的电磁波的辐射、反射特性的探测，并根据其特性对物体的性质、特征和状态进行分析的理论、方法和应用的科学技术。

◎ 6000 米水下自治机器人

我国有辽阔的海域，国家对开发水下机器人非常重视。1994 年，我国自行研制的第一台有缆水下机器人"探索者"诞生，并且曾在西沙群岛海域实验成功。

CR-01 是我国自行研制的6000米水下无缆自治机器人，外形像一个小潜艇，长 4.374米，宽 0.8 米，高 0.93 米，质量 1305.5 千克，由载体系统、控制系统、水声系统、收放系统 4 大部分组成。该机器人上装有垂直推进器和侧移推进器，机动性强，能自动定深、定向，装有长基线声学定位系统和卫

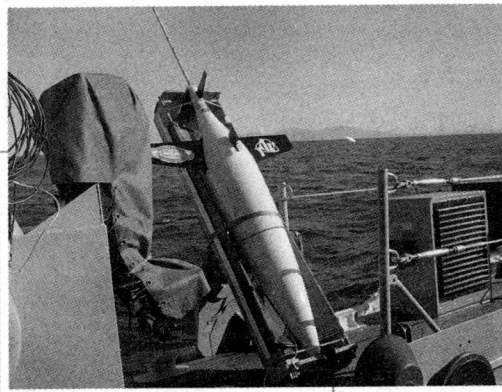

我国"探索者"机器人

星定位系统，配备各种传感器、探测器，便于记录温度等参数，装有 CPU 及多级递阶控制结构，方便编入、修改程序。最大航速 2 节（"节"是速度单位，1 节 = 1 海里/小时，1 海里 = 1852 米），续航时间为 10 小时，定位精度 10～15 米，能完成水下摄像、海底沉物目标探测、海底地势测量、海底多金属结核矿产测量等任务。

◎ CR-01 机器人

拓展阅读

"水中导弹"——鱼雷

鱼雷是一种水中兵器。它可从舰艇、飞机上发射，发射后可自行控制航行方向和深度，遇到舰船，只要一接触就可以爆炸。现代鱼雷具有航行速度快、航程远、隐蔽性好、命中率高和破坏性大的特点，可以说是"水中导弹"。它的攻击目标主要是战舰和潜艇，也可以用于封锁港口和狭窄水道。

1995 年 8 月，CR-01 机器人两次完成了太平洋海底功能试验，1997 年 5 月—6 月完成了工程化试验，并对太平洋海底的多金属结核矿产进行了调查。CR-01 机器人的成功使我国对地球海洋 97% 的海域具有了详细探测的能力，从而使我国在深海探测方面位居世界强者之列。

在此基础上研制的 CR-02 机器人，外形酷似鱼雷，直径 800 毫米，长 4 米，可以紧贴海底工作，它的功能扩大为：深海深度、温度、海水流速的调查，深海海底资源调查、海底采矿的前期调查。

◎ 机器人水下救险

2000 年 8 月，俄罗斯国防部宣布，正在参加军事演习的"库尔斯克"号核潜艇在巴伦支海水深 108 米处搁浅，艇上有 118 位海军官兵、两座核反应堆。适逢恶劣天气，营救工作难以开展。当时，全俄罗斯甚至全世界都在关注此事，因为这牵扯到 118 位海军官兵的生命！俄罗斯政府被迫接受国际援助，先拟用英国 R5 深水潜艇，但由于"库尔斯克"号核潜艇毁坏严重无法对接，又想改用英国和挪威的潜水员，使用潜水钟与舱口对接，实施中又遇到困难。人们此时想到只有用机器人下潜救援，拟先

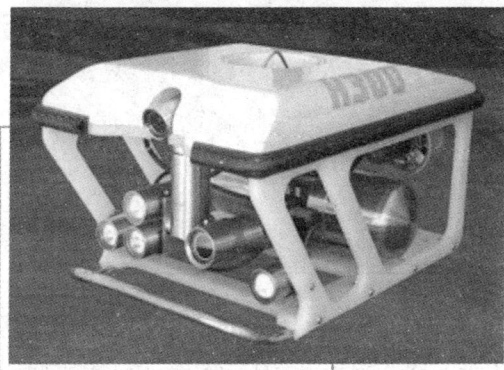

水下机器人

用挪威水下机器人下潜，然后用切割能力强的英国机器人切割，为英国微型潜艇接近"库尔斯克"号核潜艇打通道路，两者协同作战，以救出"库尔斯克"号核潜艇上尚活着的官兵，但终因"库尔斯克"号核潜艇损坏严重，这一计划未能实现。此外，在整体打捞不可能实现的情况下，俄罗斯决定用机器人将"库尔斯克"号核潜艇切割，即用最新研制的水下链条锯在适当位置将艇身切割，分段打捞。在整个打捞过程中，无论是清理艇身上的附着物，还是对残骸进行水下勘测，机器人都担当了主要角色，与潜水员共同协作完成任务。

从上述事件可以知道，在水下救险中，机器人可以和人类共同协作完成任务。

◎ 机器人水下修光缆

2001 年初，中美海底光缆被作业渔船阻断，由于光缆位于水下 70 米，潜水员一般下潜深度为 60 米，不可能靠人潜水维修。为恢复通信，日本 KCS 海缆船于 2 月 15 日放下无人遥控潜水器（水下机器人）——"海狮"前去维修，并担任主要角色，维修步骤是：

（1）机器人下潜，通过扫描检测，找到被阻断光缆的精确位置。

（2）机器人将埋在泥中的光缆挖出、切断，然后，人工将备用光缆与原

光缆两个断点接上。

（3）机器人重新下潜，将修复好的光缆进行冲埋（用高压水枪将海底淤泥冲出一条沟，然后将修复光缆埋下去）。最终，光缆修好，中美通信恢复畅通。

◎ 水下机器人参加考古

我国云南抚仙湖湖底，有二三千年前沉入水底的古建筑群，为了解开这个"千古之谜"，抚仙湖考古所决定开展水下考古工作，但据事先调查得知，这些建筑遗址约在水下 70 米，而一般潜水员的潜水深度最深为 60 米，于是决定用中国科学院沈阳自动化研究所的水下机器人"金鱼"和 CR-02 水下机器人参与作业，"金鱼"为小型水下机器人，深入水下深度较深，可达 100 米，但观察范围小，必须与 CR-02 水下机器人配合作业，这也是我国水下机器人第一次参加考古工作。水下机器人水下作业与潜水员不同的是：潜水员只能进行水下照相、录像，而水下机器人则能通过电缆同步将水下得到的信号传送到水面，供给考古人员。

◎ 水下机器人互救

人有旦夕祸福，水下机器人在执行任务中也会遭遇不测。2000 年 1 月 2 日，装满重油的马耳他籍油轮"埃里卡"号在海上断裂沉没，造成海上重油污染，霎时，大西洋海面上"黑潮"滚滚，加上当时风急浪大，悬尘弥漫，狂风更助长了"黑潮"，海面能见度很低，正在执行勘察沉船任务的遥控机器人"阿毕萨博5000"突然感觉不妙，立刻意识到是被油轮残骸卡住了，尽管这位参加过两次"泰坦尼克"号轮船打捞工作的英雄，使尽了全身解数，却仍然动弹不得，被困在离布列塔尼 70 千米处，孤独地躺在黑暗的海底，于是，法国海事官员赶紧派出第二个水下机器人前往营救，并继续参与勘察工作，最终完成了任务。

🔘➤ 空中"机器人"——无人驾驶飞机

💨◎ 无人机的诞生

　　众所周知，培养一名飞机驾驶员是非常不容易的，有人说"飞行员的身体是用黄金铸成的"，意即训练飞行员不仅是技术培养困难，经济花费也是相当大的。然而飞行员的工作，特别是战斗机飞行员是相当危险的，既要应付复杂多变的气候，更要面对瞬息万变的战局。随着科学技术的发展，人们开始考虑

无人飞机

怎样保护飞行员的安全，寻求一种途径，即找一个"替身"，于是，空中机器人——无人驾驶飞机（简称无人机）应运而生。实际上这与人们对地面危险作业（如扫雷、防爆）机器人的研究是殊途同归的。应当说战争是无人机发展的动力，正是由于中东、海湾等几次局部战争，促使无人机发展到今天的水平，就世界范围来说，美国和以色列走在前面。

知识小链接

战斗机

　　战斗机是用于在空中消灭敌机和其他飞航式空袭兵器的军用飞机。第二次世界大战前曾被广泛称为驱逐机。现代的先进战斗机多配备各种搜索、火控设备，能全天候攻击所有空中目标。世界上公认的第一种真正意义上的战斗机是法国的莫拉纳·索尔尼爱 L 型飞机。

◎ 无人机的飞行

有人驾驶飞机从起飞、空中飞行到降落无疑都离不开驾驶员，早期的飞机完全由驾驶员直接操纵，现在一些先进的战斗机和运输机，都已经采用了自动驾驶仪，即使如此，仍必须受驾驶员的监控。

无人机的起飞一般有以下几种形式：

（1）弹射起飞。无人机被装在发射架上，用助推火箭或橡皮绳弹射到一定高度，再启动无人机发动机飞行。

（2）空中投放。先由某种型号的大型飞机（也称母机）携带到空中，到了指定空域，启动无人机发动机，使其与母机脱离，自主飞行。

（3）起飞车起飞。利用无人机发动机驱动起飞车滑跑，到一定速度时，无人机脱离起飞车起飞。

（4）滑跑起飞。无人机与有人飞机一样装有起落架，先启动发动机，然后由地面操作人员遥控飞机在跑道上起飞。

有人飞机在空中飞行完全由驾驶员操纵，无人机则按照不同的活动半径，有以下几种控制方法：

（1）有线控制。飞行距离短的，可以用有线控制，地面站工作人员靠光缆或电缆操纵无人机飞行，无人机也靠光缆或电缆反馈信息给地面站。

（2）无线控制。飞行距离较远的用无线电遥控无人机。

（3）程序控制。飞行距离在5000千米以上，就用程序控制，即事先将无人机的航线、侦察目标、时间等输入无人机控制系统，程序控制装置通过自动驾驶仪来操纵无人机飞行。

无人机的降落（也叫回收）与一般飞机不同，因为多数无人机没有起落架。

（1）伞降回收。无人机到达程序预定或遥控指挥的一定空域时，自动或遥控打开降落伞，降落到一定的地面或水域。

（2）空中回收。无人机打开降落伞在空中飘落时，母机（比如直升机）

将其回收并带回机场着陆。

（3）阻拦回收。在遥控指令下使无人机低速飞向阻拦网（阻拦网是一种由弹性材料编织的网），无人机撞上后，速度很快减小到零。

（4）着陆回收。地面工作人员遥控改变无人机的飞行姿态，减小速度直到着陆。

◎ 无人机的优势

（1）结构紧凑。由于没有驾驶员，飞机上就免去了驾驶舱部分的结构，而且还省去了为保证飞行员安全的机载设备部分，这样就使得无人机结构更紧凑，据称，美国新研制的无人驾驶战斗机外形只有 F-16 的一半大，甚至可以拆成部件装在集装箱内。

"别动队"空中飞行机器人

（2）速度更快、机动性更好。载人飞机的速度、加速度都因为飞行员的承受能力而受到限制，飞机俯冲、爬高、急转弯时，会产生很大的离心力、失重和超重，飞行员一般最多能承受 8 倍的重力加速度，而无人机可承受的重力加速度则高出许多。

知识小链接

离心力

离心力是指由于物体旋转而产生脱离旋转中心的力，也指在旋转参照系中的一种视示力，它使物体离开旋转轴沿半径方向向外偏离，数值等于向心力但方向相反。

（3）成本低廉。不仅由于无人机结构紧凑、设计简单，使得飞机本身造价大大降低，而且载人飞机对飞行员的训练费用也相当昂贵，据称美国训练一名飞行员约需 200 万美元，更何况平时飞机的维护消耗也相当大，而无人机不用时可以放在机库里，可以说不用消耗维护费用。有消息说美国新设计的 F-22 战斗机每架造价约为 1.24 亿美元，而目前最贵的无人机也就是1000万美元左右。

（4）避免了飞行员被俘、伤亡的危险。前面我们分析了培养飞行员是非常不容易的，但战争是残酷的，二战中美国就死亡飞行员 5000 多名，被俘人员中 90% 是驾驶员和空勤人员，飞行员被俘是战争中非常棘手的问题，往往会引起外交和政治危机，海湾战争中多国联盟为拯救美国被俘的 F-15 飞行员而出现意见分歧，险些造成这个联盟的解体。

（5）适合在任何危险地区飞行。无人机可以到人不能到达或有危险的地区飞行，比如受细菌、化学、核污染的地区，去摧毁敌人的防空设施等。

◎ 无人机家族的繁衍

无人机的"祖先"诞生于 20 世纪 20 年代，当时是作为靶机使用的，到了 20 世纪 50 年代，逐渐发展成为侦察机。

纵观无人机的发展，可以人为地划分为三代：

第一代无人机，一般携带电视摄像设备、长焦距镜头（或红外线成像机）和激光指示测距仪，能进行空中拍摄和目标指示，能在中低空进行战场侦察和实时数据传输。

第二代无人机，机身用复合材料制造，地面站采用微处理机，发动机功率加大。

第三代无人机，应用先进的气动设计，机体采用复合材料制造，具有隐身功能，电子设备更加完善。

目前，按照用途可将无人机分成侦察型无人机、电子对抗无人机和无人驾驶战斗机。

侦察型无人机：

（1）长航时无人机。高空长航时无人机，其高度为 18000 米，续航时间不少于 24 小时；中空长航时无人机，其高度为几千米，续航时间不少于 12 小时。

（2）中程无人机，其活动半径为 700～1000 千米，其中，高空中程无人机，其高度可达 30 000 米以上，速度为音速的 3 倍以上。

（3）短程无人机，其活动半径为 150～350 千米。

（4）近程无人机，活动半径为几十千米。

侦察型无人机中具有代表性的，有以色列的"侦察兵"、以色列和美国共同研制的"先锋"等。

电子对抗无人机：

（1）电子侦察无人机。它用于收集敌人通信情报、电子情报。

（2）电子对抗无人机。它用于对敌人指挥、通信系统进行干扰。

典型的电子对抗无人机，如南非的"云雀"、美国的"雌狐"。设计者拟用于搜寻救援、有害物质取样、环境监测、气候观测，还想用于远洋捕鱼作业。

无人驾驶战斗机：

（1）X-45A 无人驾驶战斗机。从 20 世纪 90 年代以来，美国着力研究无人驾驶战斗机，不久便推出 X-45A 无人驾驶战斗机。这种无人机机长 8 米，翼展 9 米，可以远程控制，也可以按预期指令飞行。其一个最大的优点是可以快速拆卸，拆卸后可以放在包装箱内，仅需要 1 小时即可组装完毕，1 架 C-17 运输机可运 6 架。由于能承受更大的加速度，这种飞机的机动性显然优于有人飞机，且结构紧凑，外形只有 F-16 飞机一半大小。

（2）UCVN-N 无人作战飞机。美国海军研制出新一代无人作战飞机 UCVN-N 的全尺寸模型，目标是可对敌进行防空压制、纵深打击和战场侦察。该机为三角形机翼，前掠角 55°，后掠角 35°，没有垂直尾翼和水平尾翼，控制飞行靠两个副翼和 4 个襟翼，武器安装在机身内，必要时加装电子侦察吊舱，采用了 JTl5D-5C 型涡轮风扇发动机作为动力系统。为满足隐身要求，该无人机大量采用合成材料。

无人驾驶战斗机

这种无人机的原型机正在经过一系列试验，设计者拟在实战机型采用更大的机翼，以延长飞行时间；采用合成孔径雷达，使所拍战场照片更加清晰；通过卫星数据链接收、传输数据和指令，使该机在返回基地前指挥部门就可以获得侦察结果。据称，该机在2015年左右能够使用。

（3）F-4无人攻击机。美国波音公司受国防部委托，研制成无人攻击机F-4，已通过试飞，是一架可以携带重型武器进行战斗的无人攻击型飞机，它具有高度的"自我牺牲精神"，可以携带炸药和武器撞毁敌方的目标。

◎ 微型无人机

一架手掌大小的无人机，能像鸟一样地飞行，具有昆虫的智商，可提供10千米远目标的实时图像，这在10年前是不可想象的，而现在却即将变为现实，这就是正在加紧研制中的微型无人机（MAV）。这种无人机是20世纪90年代中期才出现的，采用了当今顶尖的高新技术，15厘米翼展的无人机很快将具有10年前3米翼展无人机所具有的性能。微型无人机对于未来的城市作战具有重大的军事价值，在民用领域也有着广泛的用途。

所谓微型无人机，是指翼展和长度小于15厘米的无人机，也就是说，最大的大约只有飞行中的燕子那么大，小的就只有昆虫大小。

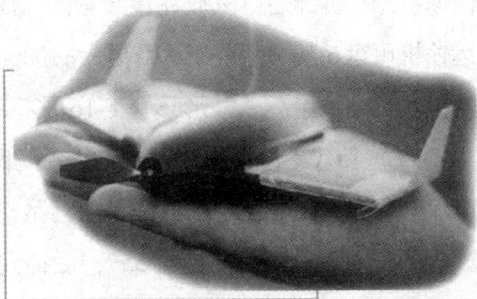

微型无人机

微型无人机从原理、设计到制造不同于传统概念上的飞机，它是 MEMS（微机电系统）技术集成的产物。人们要想研制出如此小的无人机面临着许多技术及工程问题。

（1）动力问题。在微型无人机的开发中，近期最大的困难是发动机系统及其相关的空气动力学问题，而发动机又是关键，它必须在极小的体积内产生足够的能量，并把它转变为推力，而又不增加过多的重量。

知识小链接

空气动力学

空气动力学是力学的一个分支，它主要研究物体在同气体做相对运动情况下的受力特性、气体流动规律和伴随发生的物理变化以及化学变化。它是在流体力学的基础上，随着航空工业和喷气推进技术的发展而成长起来的一个学科。

（2）不同的空气动力学原理。由于尺寸小速度低，微型无人机的工作环境更像是小鸟及较大昆虫的生活环境，而人们对于这种环境中的空气动力学还知之甚少，其中的许多问题，都难以用普通空气动力学理论加以解释。

由于微型无人机只能低速飞行，层流占主导地位，它引起较大的力及力矩，这可能要求用三维方法解释它的空气动力学。微型无人机的机翼载荷很小，几乎不存在惯性，很容易受到不稳定气流如城市楼群中的阵风的影响。

（3）飞行控制。怎样控制微型无人机的飞行是另一个难点。首先要有一个飞行控制系统来稳定微型无人机，至少增加其自然的稳定性。这样在面临湍流或突

广角镜

GPS 定位原理

GPS 是英文 Global Positioning System（全球定位系统）的简称。GPS 是 20 世纪 70 年代由美国陆海空三军联合研制的新一代空间卫星导航定位系统。GPS 定位的基本原理是根据高速运动的卫星瞬间位置作为已知的起算数据，采用空间距离后方交会的方法，确定待测点的位置。

发的阵风时可以保持其航线，并可执行操作人员的机动命令。若微型无人机需要对目标成像的话，还需要稳定瞄准线。

为使微型无人机自主飞行，要采用重量轻、功率低的 GPS 接收机，低漂移量的微型陀螺仪和加速度计，也可以利用地理信息系统提供地形图导航。GPS 可以大大提高微型机的能力，但目前它在功率、天线尺寸、重量及处理能力等方面均存在不少问题，需要加以解决。而且，系统还要不受电磁波及无线电频率的干扰，要求通信电子元件的质量、功率极高。

微型无人机

（4）通信。一旦飞到空中，微型无人机需要保持它与操作人员之间的通信联系。由于体积重量的限制，目前微型无人机只能采用微波通信方式。尽管微波可以传播大量的数据，足够进行电视实况转播，但它却无法穿透墙壁，因而只能在视距内使用它，微型无人机的尺寸限制了无线电的频率及通信距离。当微型无人机飞出视距或视线被挡住时，就需要一个空中的通信中继站，中继站可以是另一架飞机或者卫星。

（5）侦察传感器。要想在战场上实际应用，微型无人机还需要携带各种侦察传感器，如电视摄像机、红外、音响及生化探测器等。这些都必须是超轻重量的微型传感器，因而部件小型化是传感器技术发展的关键。

美国正大力开发微型无人机技术，并研制各种微型无人机平台，有固定翼微型无人机、微型旋翼无人机及扑翼式微型无人机三种。

固定翼微型无人机：

（1）Aero Vironment 公司研制的"黑蜘蛛"固定翼微型无人机呈圆盘形，翼展15 厘米，重56.7 克，航程3 千米，飞行速度69 千米/小时，室外续航时间20 分钟，公司希望最终到达1 小时。飞行试验表明，"黑蜘蛛"的隐蔽性很好，很难看见或听到它，它的电动机的声音比鸟叫声小得多，人们不知道它在哪里。

（2）桑德斯公司研制的"微星"固定翼微型无人机，翼展为15厘米，重100克，最大负载15克，耗电15瓦，续航时间20～60分钟，航程5千米，巡航速度55.6千米/时，飞行高度15～91米，它的最佳飞行高度在46～61米。"微星"固定翼微型无人机将携带昼夜摄像机及发射机，它的地面站是一个2.7千克重的笔记本电脑，以后将改成手持式的终端。这种无人机既可重复使用，也可一次性使用，对士兵操作的培训时间不超过6个月。

微型旋翼无人机：

Lutronix公司正在研制一种微型旋翼无人机，名叫Kolibri。它是在一个垂直圆柱，顶端装上旋翼，摄像机装在底部，利用舵面控制俯仰、横滚及偏航，一个压电石英驱动器移动舵面，动力装置是一台电动机或D-STAR公司正在研制的微型柴油发动机。该无人机的直径为10厘米，重316克，负载重量100克，微型柴油机重37克，燃料重132克，微型柴油机重量和燃料重量占整个无人机重量的一半以上。

扑翼式微型无人机：

微型无人机在15厘米时螺旋桨还可产生需要的效率，但在7.62厘米以下就需要采用翅膀了。对于较小的微型机，扑翼可能是一种可行的办法，因为它可以利用不稳定气流的空气动力学，以及利用肌肉一样的驱动器代替电动机。

（1）加利福尼亚工学院与Aero Vironment公司等单位正在研制一种"微型蝙蝠"扑翼式微型无人机，目的是要了解扑翼方式是否比小型螺旋桨更有效，它的隐蔽性如何，是否可以像蜂鸟

你知道吗

世界上最小的鸟类——蜂鸟

蜂鸟是雨燕目蜂鸟科动物约600种的统称，是世界上已知最小的鸟类。蜂鸟身体很小，能够通过快速拍打翅膀悬停在空中，每秒15次到80次，它的快慢取决于蜂鸟的大小。蜂鸟因拍打翅膀的嗡嗡声而得名。蜂鸟是唯一可以向后飞行的鸟。蜂鸟也可以在空中悬停以及向左和向右飞。

一样垂直飞行。"微型蝙蝠"的翼展为15厘米，重10克，具有像蜻蜓一样的MEMS驱动的翅膀，扑翼频率为20赫兹。该无人机可携带一台微型摄像机、上下行链路或音响传感器。在试飞中它无控制地飞行了18分钟，46米远，后因镍镉电池用完而坠地。

(2) 1998年初，加利福尼亚大学开始研制一种扑翼式微型无人机，叫"机器苍蝇"，研制的目的是利用仿生原理获得苍蝇的杰出飞行性能。军方对它的侦察能力很感兴趣，想利用它在城市环境中进行秘密监视及侦察。"机器苍蝇"有普通苍蝇大小，样子也像苍蝇。不过它有4只翅膀而不是两只，只有一个玻璃眼睛而不是两只球形眼睛。"机器苍蝇"重约43毫克，直径5～10毫米，与真苍蝇差不多，它的身体用像纸一样薄的不锈钢制成，翅膀用聚酯树脂做成。"机器苍蝇"由太阳能电池驱动，一个微型压电石英驱动器以每秒180次的频率扇动它的4只小翅膀。驱动器的质量大大小于一只绿头苍蝇的质量，但它比肌肉产生的能量密度大得多。

微型无人机在军事上有广泛的用途，它可进行侦察、生化战剂的探测、目标指示、通信中继、武器的发射，甚至可以对大型建筑物及军事设施的内部进行监视。它特别适合于在城市作战中使用，它可以填补卫星和侦察机达不到的盲区。微型无人机上装备的摄像机、红外传感器或雷达可将目标信息传回，士兵通过手掌上的显示器，可以看见山后或建筑物中的敌人。如果装上电子鼻，它甚至可以根据气味跟踪某个要人。

知识小链接

侦察机

侦察机是专门用于从空中进行侦察、获取情报的军用飞机，是现代战争中的主要侦察工具之一。飞机诞生后，最早投入战场所执行的任务就是进行空中侦察，因此侦察机是飞机大家族中历史最长的机种。侦察机按执行任务范围，又可分为战略侦察机和战术侦察机。

现在微型无人机的研究正在加紧进行，它发展的潜力是很大的。在战场上，微型无人机特别是昆虫式无人机，不易引起敌人的注意。即使在和平时期，微型无人机也是探测核生化污染、搜寻灾难幸存者、监视犯罪团伙的得力工具。

◎无人机的广阔民用市场

除了执行军事任务，展望未来，无人机在民用领域也大有可为，据专家分析，无人机可以用于天气监测、海洋环境研究、检查输电线和管道、指导农业耕作、扑灭森林火灾等民用领域。

（1）挑战"海燕"暴风圈。众所周知，台风是人类生存的天敌，一些沿海地区，几乎每年都要受到台风的肆虐。接近暴风圈，探测圈内风场数据，准确计算出台风的强度与暴风半径，对于天气预报有着重要的意义。但是有人飞机很难接近暴风圈，不敢低飞，因为暴风圈内风力很强，还有各方向吹来的乱流，一旦下雨，还有上下层气流的对流，极易折断机翼。

知识小链接

台 风

台风是热带气旋的一个类别。在气象学上，按世界气象组织定义，热带气旋中心持续风速达到12级（即每秒32.7米或以上）称为飓风，飓风的名称使用在北大西洋及东太平洋；北太平洋西部（赤道以北，国际日期变更线以西，东经100度以东）使用的近义词是台风。

科学家研制的一种小型无人机，可以随乱流上下摆动，能承受比一般飞机大的力量，而且还可以倒飞。这种无人机翼展2米，质量不足15千克。2001年10月16日，科学家让这架无人机飞到距"海燕"风暴中心100多千米处（风力最强为距中心100千米处），利用电脑收集到很多宝贵资料，包括暴风圈内的风向、风速、温度、湿度、气压等，并安全传递到地面接收站，这是全世界第一次获得这样的资料。

据称，无人机测量台风的最大问题是无人机通信距离不够远，一般只有150千米，有待研究解决。

（2）小蜻蜓，本领大。最近，我国气象系统自行设计的小型无人驾驶飞机，主要用于气象探测，特点是：①体积小——机长1.8米、翼展3米；②重量轻——起飞重量12千克；③本领大——由地面飞到5000米高空，连续向地面传送气压、温度、湿度、风速等数据，时速108千米，可续航8小时，并且可由全球定位系统导航安全返回。

◎ 我国的无人机研制

我国的无人机研制已有30多年的历史，是从研制靶机和侦察机着手的，高等院校起步较早，主要集中在几所航空院校。北京航空航天大学、南京航空航天大学及西北工业大学都有自己研制的产品，北京航空航天大学20世纪80年代设计定型的DR-5高空无人侦察机，翼展9.764米，质量1080千克，巡航速度为800~820千米/小时，巡航高度17 500米，续航时间3小时。

2000年，国防科技大学推出了"蜂王"无人机，其中"蜂王-100"机长、翼展只有2米多。

北京必威易激光科技有限公司和原信息产业部下属机构引进、研制了无人超视距直升机，他们在引进日本雅马哈RMAX无人直升机平台的基础上，解决了技术难点——无人机超视距增程测控飞行问题，使无人机能在超出人的视距范围内飞行并返航。该机长3.6米，宽0.7米，高1.3米，起飞重量98千克，飞行高度1~2千米，飞行距离为10千米，巡航速度140千米/小时。目前，其可用于航拍、摄影。

战场出奇兵——地面军用机器人

众所周知，在国家一些重要的军事要害部门周围，都要有全副武装的战士警卫，墙上会拉上电网，并将一定范围作为禁区，禁止无关人员通行，可谓戒备森严，而在美国某个军事仓库外面，见到的是几辆 6 轮车在不停地巡逻，这就是 MDARS－E 保安机器人，它不仅可以在预先设置的道路网上自主行驶，还可以探测出 100 米范围内入侵者的运动情况，它就是一种地面军用机器人。地面军用机器人的形体一般并不像人，多数像是一辆车，所以也称之为地面军用机器人车辆。

◎ 全自主机器人

美国在 1984 年研制成功了一种全自主机器人，即第一台全自主车辆，它可以在人不干涉的情况下在道路上行驶，开始时速度为 10 千米/小时，可行驶 20 千米；1993 年经改进后，速度为 75 千米/小时。研制者希望它能用自然语言接受任务，能计划出执行任务的方法，并能不断改进计划。全自主车辆的最终目标是能独立地通过复杂地形去完成各种任务。但到目前为止，导航方面尚存在许多技术问题，还需要进一步努力。

◎ 扫雷机器人

由于过去的战争，在全世界留下了上亿颗地雷，这无疑成为无辜的人们的灾难。据统计，海湾战争中仅在伊拉克就埋下了近 1000 万颗地雷，要用人工扫雷，需 4300 年才能除尽。人工扫雷不仅会造成士兵的伤亡，经济代价也相当高，据称人工扫雷的耗费是地雷本身价值的 10～30 倍。由此可见机器人扫雷的迫切性。

扫雷车扫雷有人工扫雷不可比拟的速度，南非的"猫鼬"在道路正常扫雷时速度达 35 千米/小时，详细扫雷为 10 千米/小时。车上装有脉冲感应传感

拓展阅读

脉　冲

脉冲是指一个物理量在短持续时间内突变后迅速回到其初始状态的过程。

遥控扫雷机器人

器，可对任何地雷进行探测并向操作人员发出警报。

扫雷车可利用红外传感器或微波雷达穿透地面，准确探得地雷位置，也可用地磁仪发现几米深的金属雷……为提高扫雷质量，研制下一代扫雷车时，人们可能把红外传感器、地面穿透雷达等各种传感器组合成扫雷系统。

◎ 保安机器人

保安机器人可以用于军事要害部门的安全保卫工作，分室内、室外两种，室内的用于建筑物内部，甚至在狭窄的通道里行走，遇到一定距离内有行人或烟雾，立即报警；室外的则可在重要军事设施周围巡逻，遇有入侵者可先使保安机器人与之对话，当对方不合作时，操作者可令保安机器人对其攻击。具有代表性的是美国的"徘徊者"，该机器人质量18吨，为6轮全地形车，可按程序规定的路线巡逻，时速27千米/小时，巡逻距离250千米，它可以装备各种武器，如催泪弹、冲锋枪、自动步枪等。

◎ 排爆机器人

一般排爆机器人都装有多台彩色摄像机以观察爆炸物，并且装备一个多自由度机械手，以备搬运爆炸物或拧下其引信雷管。排爆机器人上一般还装有大口径枪支，必要时击毁定时爆炸物的定时装置和引爆装置。

目前，最有代表性的排爆机器人是美国的"手推车"。新研制的"超级手推车"的摄像机可以在距地面65毫米处工作，以检查可疑车辆的底部，最大速度55米/分钟，该车质量204千克，长1.2米，宽0.69米，最大高度1.32米。

　　我国研制的排爆机器人 PXJ－2，由 4 部分组成：折叠履带 – 轮式移动载体、4 自由度关节机械臂、观察系统和便携式控制站。它可以搬运爆炸物、销毁爆炸物，以及上楼梯、打毁门锁、搜查房间等。

　　我国另一种以排爆为主要功能的机器人在北京研制成功，除排爆外，还兼有消防、搬运、射击、摧毁、解救人质等功能。它和其他排爆机器人一样，主要执行动作是靠一个 5 自由度机械臂完成，可以伸到距地面 2.5 米高的范围，还可利用机械臂前端安装不同的机械手，完成不同的任务。该机器人底部有 6 个轮子，左、右两排各 3 个轮子，

排爆机器人

依靠两排轮子的转动，实现前进、后退和原地转弯，即两排轮子同向转动时，车子前进或后退；两排轮子反向转动时，使车子原地转变，动作准确而灵活。3 台摄像机充当它的眼睛，用以观察，并将拍摄到的周围的图像传输到控制台。整台排爆机器人质量 180 千克，时速 15 千米，能连续工作 6 小时。

◎ 侦察机器人

　　当前，高科技被广泛应用，给战场侦察带来很大困难，被派遣的侦察人员的安全会受到严重威胁。使用机器人进行侦察，不仅可以避免侦察人员的伤亡，而且机器人一旦"被俘"，还可以通过事先设置的自动引爆程序，使其自行爆炸，光荣"殉职"，绝不会暴露任何秘密。

　　美国的 GSR 侦察机器人是由 M114 装甲人员输送车改装的，整车质量 6.8 吨，可水、陆两用，由 1 台 8 缸汽油机驱动，车内装有 15 台微处理器，并装有卫星导航系统、声学临近传感器、磁罗盘、激光测距仪、高分辨度摄像机等，在没有外部导航时，能自主跟踪其他车辆越过障碍。

知识小链接

激光测距仪

激光测距仪是利用激光对目标的距离进行准确测定的仪器。激光测距仪在工作时向目标射出一束很细的激光，由光电元件接收目标反射的激光束，计时器测定激光束从发射到接收的时间，计算出从观测者到目标的距离。激光测距仪重量轻、体积小、操作简单、速度快、测量准确，其误差仅为其他光学测距仪的五分之一到数百分之一。

侦察机器人还可以进行近距离侦察，美国曾用一种叫作"STV"的侦察机器人开到距目标 550 米的地方，用远红外探测器通过窗户向目标建筑物内探视，由传感器发回的图像可以看清建筑物内人们的一切活动，甚至表情。"STV"侦察机器人是一种 6 轮车，由 18 千瓦的柴油机和 2.2 千瓦的电动机驱动，利

军用侦察机器人

用无线电和光缆进行通信，车上有一个高 4.5 米的支架，时速 16 千米。

◎步兵支援机器人

现代化战争中，各种先进武器，如核武器、激光武器等，杀伤力极高，以战士的血肉之躯去抵挡，危险和损失会是相当大的，因此军事专家们看好用机器人代替人去奔赴战场。步兵在战争中的危险和损失一直是最大的，因此用机器人替代步兵是非常必要的。

美国的"突击队员"遥控车，外形为菱形，重量轻（全质量 160 千克），高度矮（不足 1 米），不易被发现，时速 16 千米。它可以在崎岖地面或松软

的地面上行驶，具有很好的越野性能，能完成步兵的一切任务，车上装有反坦克导弹发射器、机枪等武器，能完成反坦克任务。

知识小链接

反坦克导弹

反坦克导弹是指用于击毁坦克和其他装甲目标的导弹，是反坦克导弹武器系统的主要组成部分。它机动性能好、重量轻，能从地面、车上、直升机上和舰艇上发射，命中精度高、威力大、射程远，是一种有效的反坦克武器。

◎ 微型军用机器人

前面介绍的地面军用机器人体积都比较大，容易被发现，也就容易被防范或者攻击，科学家们于是着眼于微型地面军用机器人的研究，美国更有具体计划安排，甚至拟在不久的将来，建立一支微型机器人部队。现已研制出的"扁虱"，只有昆虫一样大小，可以附在敌人装备的部件上混入敌方，也可以对敌人通信系统进行干扰，还可以钻到关键设备中进行破坏。科学家之所以将机器人外形做成昆虫的形状，是为了迷惑敌人，战争中可以用飞机、无人机或导弹将它们发射到敌后方去活动。

英雄无畏惧——救援机器人

目前，在人类的生产、生活活动中，有一些危险但又必须去做的作业，这些作业严重威胁人类的健康和安全，比如核爆炸取样、炸弹销毁、毒品处理等。为了减少人类所承受的风险，一些发达国家正着力研制危险作业机器人，美国机器人工业协会还专门成立了"危险环境作业机器人分会"，专门进行这种机器人的研究开发。

◎ 火山探险机器人

火山爆发会给周围的人们带来巨大灾难，因此人们必须对火山进行研究，而人接近火山口是很危险的。1994 年，美国卡内基·梅隆大学、国家航空航天局和阿拉斯加火山观测站的科学家合作，将一个叫"丹蒂Ⅱ"号的机器人送入斯珀火山口，目的是取得火山口底部的化学及温度特征数据。

"丹蒂Ⅱ"号长 3 米、宽 2 米，质量 400 千克，有 8 条腿，排成 2 行，每 4 条腿构成一个框架，框架上的电机和传动装置驱动它的 4 条腿，由特殊的 4 连杆机构将每条腿的旋转运动转变成步进运动。前进时，同一框架上的 4 条腿同时前进，此时靠地面上的 4 条腿支撑身体，并推动身体前进。它依靠自身的系统，能够上下坡及越过 1 米高的障碍，由于装有 3 镜筒体视系统、扫描激光测距仪和两台感知传感器，能自动感知周围环境，自行决策行进路线，并避开障碍。

"丹蒂Ⅱ"号机器人

"丹蒂Ⅱ"号接受任务以后向火山口进发，爬到了 198 米的深度，这是火山喷气口区域，利用它所带的传感器采集了气体样品，拍摄下了图像。工作中，一次不幸发生了，"丹蒂Ⅱ"号不慎从深 120 米的火山壁上摔了下去，并一路侧滚翻。科学家们迅速用直升机救援，突然吊"丹蒂Ⅱ"号的绳子又断了，情况十分紧急。此时，一位科学家"见义勇为"冒着岩石打击的危险，攀岩而下，把绳索重新套在它的身上，随之直升机把"丹蒂Ⅱ"号拉了上来。由于"丹蒂Ⅱ"号的"勇敢献身"精神，完成了这次探险任务，得到的图像和数据给科学家对火山口的研究提供了重要依据。

◎ 反恐救援机器人

2001年9月11日，恐怖分子用飞机撞毁了纽约地标——世界贸易大厦，由于楼高110层，主要是钢铁结构，加之飞机携带了大量燃油，撞击引起了剧烈的爆炸和燃烧。产生的高温破坏了楼的结构，于是大楼逐层塌落，楼体大量的钢铁等材料形成山一样高的废墟，救援的人们急需找出其中的尸体，更期望救出生还者。废墟堆积在一起，人进去确实非常困难，有些地方可以说根本不可能，美国当局紧急调来两组机器人参与救援工作。

一组是由加利福尼亚州来的，改装过的"厄尔比"系统，体积只有鞋盒大小，可以钻到建筑物内部，甚至警犬无法到达的地方。它具有照明设备、生化感应装置，以及麦克风和摄像机，如发现幸存者可以使之与外界沟通。

另一组是来自佛罗里达州的"母子型"机器人，主要由主机器人和小机器人组成。主机器人配有电池、通信设备、电脑和装小机器人的口袋。当遇到主机器人无法通过的地方时，就打开口袋倒出许多小机器人。小机器人不仅体积小，还能变形，比如扁平的比萨饼形或直立形，能从瓦砾缝中钻过去。小机器人也具有通信能力，一旦发现幸存者可以将信息迅速传给主机。

这些机器人与警犬相比，具备不怕浓烟和毒气的优点。

尽管机器人和人一道努力，都没能找到生还者，但帮助找到了遇难者的尸体，为这次救援贡献了力量。

美国空降82师在一个洞穴区进行搜索任务。以前，遇到这种情况，只能把一个战士身上拴了绳索顺洞而入，无疑这是非常危险的。现在他们派出了机器人"赫耳墨斯"辅助搜查，每到一个洞口，"赫耳墨斯"勇当先锋进去搜查，操作者等在洞口，通过"赫耳墨斯"身上的摄像机掌握它在洞中的行动，用无线电向它下达命令。搜查后确认安全，美军士兵再进洞穴，进行测量，以便用炸药炸毁这个洞穴，2002年7月29日一天，"赫耳墨斯"成功地搜查了6个洞穴。"赫耳墨斯"外形像个小坦克，身上装有全球定位系统，高

反恐救援机器人

30 厘米，长 1 米，质量 19 千克，能踏响地雷，装备有 12 架摄像机，能向洞外操作者传输图像，带有枪榴弹发射器和霰弹枪，自带的两块充电电池可持续工作 2 小时。它能按操作者指令蹲下、站起、翻越石块或通过危险区。

美国总结"9·11"救援的经验，加紧研究第二代救援机器人。与第一代相比，第二代机器人更加灵活：为了在复杂的废墟上行走，必须要求机器人根据不同情况、按照地形地貌随时改变自己的形状；视力更强，可以分辨各种复杂的现场环境；为适应高温、着火的环境，增加温度传感器，操作人员可根据现场温度决定机器人是继续工作，还是后撤，避免机器人在正着火的废墟中"牺牲"。

为了更有效地打击恐怖活动，美国等国家决定充分应用高科技手段，包括通信监听技术、编码加密技术、面部和指纹识别技术、搜寻探测技术、电子对抗技术等。而在对付可疑物或炸弹需及时排除时，就必须利用机器人技术，即使用专门的拆弹机器人，这是一种可在百米以外遥控操纵的机器人，高约 1 米，有摄像头和手臂，靠履带行走，可根据操纵者的指令拆除炸弹引信，避免人工拆弹危险。

这种拆弹机器人，服役在以

你知道吗

指纹的用途

指纹是人类手指末端指腹上由凹凸的皮肤所形成的纹路。指纹由皮肤上许多小颗粒排列组成，这些小颗粒感觉非常敏锐，只要用手触摸物体，就会立即把感觉到的冷、热、软、硬等各种"情报"报告给大脑这个司令部，然后，大脑根据这些"情报"发号施令，指挥动作。指纹还具有增强皮肤摩擦的作用，使手指能紧紧地握住东西，不易滑掉。我们平时画图、写字、拿工具、做手工，之所以能够那么得心应手，这里面就有指纹的功劳。

色列、英国、美国等国军队中。

美国近年来研制出一种"全球最小的机器人",仅重 1 盎司(约 28 克),体积为 4 立方厘米,大脑为一台微型处理器,皮带传动构成灵活的"腿",可以完成排除地雷、寻找失踪者等任务。

📌 各具特色的机器人

◎ 首个拥有"肌肉""骨骼"的机器人

2011 年 6 月 28 日,苏黎世大学科学家开发出全世界首个拥有"肌肉"和"骨骼"系统的机器人,名为"Ecci",是目前全世界最先进的机器人之一。

机器人"Ecci"看起来就像《星球大战》中的 C-3PO,不过是它的简化版本。而"Ecci"的这些机构都是采用特殊设计的塑料制成。不过它最先进的一点在于,它还拥有一个大脑,这个大脑拥有自我错误修正的能力,也就是说它学会了"反省",而这种能力原先一直是人类的专利。

根据设计,"Ecci"使用一系列电动马达来驱动身体各个关节的运动,而一台充当其大脑的计算机则能够在自己所犯的错误中进行学习。如果某一运动导致它摔了一跤,或者掉落手里拿着的东西,它的"大脑"就会收集这些信息并进行分析,以避免下次再犯同样的错

机器人"Ecci"

误。除此之外，尽管只有一只眼睛，但是它拥有和人类类似的视觉功能。

科学家们希望"Ecci"的出现将有助于开启一个新的机器人设计时代，并且帮助设计功能更加完善的机械臂。

苏黎世大学人工智能实验室主任罗尔夫·菲佛博士表示："这一成果开启了诸多可能性，尤其是它将帮助我们更好地理解人体的运动器官是如何运作的。如果我们能开发出一款机械臂，它能够和我们的手臂一样灵活，那么这将是非常有意义。这也意味着机器人将能够在未来代替人类从事一些需要像人手那样灵活的手臂才能完成的精细工作。"

开发小组已经在这个项目上花费了三年时间，耗费了巨额资金，这些开发资金主要来自私人公司的赞助，另外欧盟也资助了一部分资金。接着，该小组准备花费两个月时间开发一个"Ecci"的更完整版本。

◎ 迎宾指挥机器人

迎宾指挥机器人

迎宾指挥机器人是海尔哈工大机器人技术有限公司刚刚开发研制成功的最新产品，它可以模拟人类腰部以上各关节运动，可独立完成 9 个自由度动作。该机器人可通过音响系统播放乐曲，运用手臂、头、眼睛和腰部完成多种运动组合，实现乐队指挥功能。它还具有一定的语音功能，可以唱歌、背唐诗等，并可以配合一些动作表情，实现展示场景的解说、讲解、迎宾致辞等功能。

迎宾指挥机器人将枯燥的机械运动、电器控制、软件编程与优美的音乐指挥完美地结合起来，能充分显示机器人表演艺术的魅力，将它放置在固定位置就可实现各种表演功能了。

◎ 聊天机器人

世界上最早的聊天机器人诞生于 20 世纪 80 年代，这款机器人名为"阿尔贝特"，用 BASIC 语言编写而成。但今天的互联网上，已出现诸如"比利"、"艾丽斯"等聊天机器人，中文的诸如"白丝魔理沙"、"乌贼娘"等由网友制作的聊天机器人。据悉，还有一个"约翰·列侬人工智能计划"，以再现当年"甲壳虫"乐队主唱的风采为目标。

1950 年，图灵在哲学刊物《思维》上发表了一篇文章，提出了后来经典的图灵测试——交谈能检验智能。如果一台计算机能像人一样对话，它就能像人一样思考。他由此获称"人工智能之父"。

1991 年，美国科学家兼慈善家勒布纳设立人工智能年度比赛——勒布纳奖，号称是对图灵测试的第一种实践，旨在奖励最擅长模仿人类真实对话场景的机器人。

2008 年，勒布纳奖的最后一轮比赛于 10 月 12 日在英国雷丁大学展开。艾尔博特等 6 种软件程序击败另外 7 种程序，获得决赛资格。艾尔博特与 12 个陌生人交谈，力图让他们相信它是"人"。一番争论、笑声过后，这一电脑程序成功骗过 3 个人，在这次比赛中拔得头筹，朝"成为史上第一台能思考的机器"目标更近一步。

聊天机器人的原理是研发者把自己感兴趣的回答放到数据库中，当一个问题被抛给聊天机器人时，它通过算法，从数据库中找到最贴切的答案，回复给它的聊天伙伴。

此外，聊天机器人的成功之处在于，研发者将大量网络流行的俏皮语言加入词库，当你发送的词组和句子被词库识别后，程序将通过算法把预先设定好的回答回复给你。而词库的丰富程度、回复的速度，是一个聊天机器人能不能得到大众喜欢的重要因素。千篇一律的回答不能得到大众的青睐，中规中矩的话语也不会引起人们的共鸣。此外，只要程序启动，聊天机器人 24

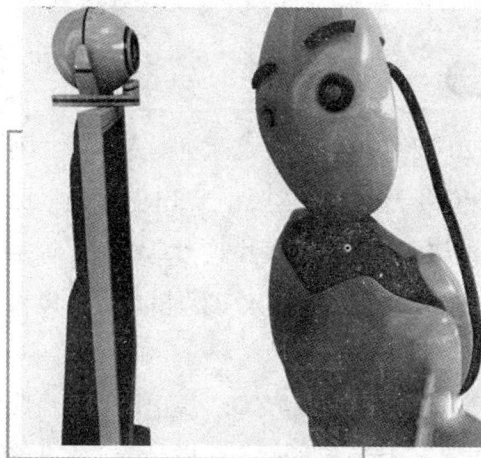

聊天机器人

小时在线随叫随到，堪称贴心之至。

1995 年 11 月 23 日，"艾丽斯"（Alice）诞生了。"艾丽斯"的名字是由英文"人工语言在线计算机实体"的头一个字母的缩写拼成。科学家华莱士将这个聊天程序安装到网络服务器，然后待在一边观察网民会对它说什么。随着华莱士对"艾丽斯"的升级与"艾丽斯"聊天经验的日渐丰富，"艾丽斯"越来越厉害。2000 年、2001 年、2004 年"艾丽斯"三夺勒布纳奖。"艾丽斯"的出色表现，使它曾一度被认为是最聪明的聊天机器人。

"蕾拉伯特"由原始的"艾丽斯"程序改头换面而来。整个程序和华莱士在 2002 年编写的"艾丽斯"的程序基本没什么差别。"蕾拉伯特"的存在是试图为基本的"人工语言在线计算机实体"聊天机器人的性能、功能提供一个范本。

难道，机器会思考？机器有逻辑？事实并非如此。截至目前，全球所有的聊天机器人都没"记性"，风靡世界的聊天机器人"艾丽斯"（Alice）和顶级网络机器人 Jabberwacky 都没有长时记忆体，它们只对前一句话作出反应。

以下是 A 和 J 的一段对话：

1 – A：你做梦吗？

2 – J：做。

3 – A：当然。那么，你能记住你的梦吗？

4 – J：我能非常清晰生动地回想起它们。

5 – A：是怎么样的？

6 – J：我还不想跟一个机器人说话。

介绍：两个聊天机器人都没有长时记忆体，所以他们只对前一句话作出反应。

很明显，要么是介绍者介绍错了，要么就是这段对话是不真实的。

如果没有长时记忆体，根据第 2 句"做"如何能够产生第 3 句？

如果没有长时记忆体，A 是不会知道第 2 句的"做"是指的做什么，而第 3 句却精确地继续围绕"梦"的话题在讨论，说明 A 是有长时记忆体的。

飞信助手同样还没能在这方面更进一步，它只能对一句话作出快速反应，而没有连贯的思维能力和逻辑能力。距离真正的人工智能，飞信助手还只能称得上是小把戏，本质上它没有主动思考、联想和记忆的能力。正如获得勒布纳奖铜奖的罗伯茨所说："我并不深信图灵的理论，也不相信艾尔博特能思考。"作为艾尔博特的创造者，他打比方说："如果你知道一种魔术秘密何在，明白它如何完成，它对你来说就不再神秘。"

知识小链接

搜索引擎

搜索引擎是指根据一定的策略、运用特定的计算机程序从互联网上搜集信息，在对信息进行组织和处理后，为用户提供检索服务，将用户检索的相关信息展示给用户的系统。搜索引擎包括全文索引、目录索引、元搜索引擎、垂直搜索引擎、集合式搜索引擎、门户搜索引擎与免费链接列表等。百度和谷歌等是搜索引擎的代表。搜索引擎的工作原理：每个独立的搜索引擎都有自己的网页抓取程序，抓取程序顺着网页中的超链接，连续地抓取网页；搜索引擎抓到网页后，还要做大量的预处理工作，才能提供检索服务，如提取关键词、建立索引文件、去除重复网页等；用户输入关键词进行检索，搜索引擎从索引数据库中找到匹配该关键词的网页。

但是它又确实代表着一种方向，在一定意义上，飞信助手相当于一个网络搜索引擎，负责网络信息的自动搜索、查询和处理。只是它更亲切形象化，更符合人际交流的习惯。飞信助手的出现，似乎也有另一层意义，它展现出来的聪明与狡黠，会不会意味着我们人类的思维和语言也许没有那么难模仿呢？会不会意味着人类的语言习惯可以被总结复制，然后再将这个规律用在人类身上呢？

再进一步想象一下，或许某一天，电影《黑客帝国》里的场景真的会出现。人类制造了机器人，机器人却叛变，与人类爆发战争。会思考的电脑控制了人脑，人类则在电脑的欺骗下生活。

《黑客帝国》

机器人与人

　　机器人与人之间是什么关系呢？用一句话概括就是：没有机器人，人将变为机器，但有了机器人，人仍然是主人。美国是机器人的发源地，但机器人的拥有量却远远少于日本，其中部分原因就是因为美国有些工人不欢迎机器人，从而抑制了机器人的发展。日本之所以能迅速成为机器人大国，原因是多方面的，但其中很重要的一条就是当时日本劳动力短缺，政府和企业都希望发展机器人，国民也都欢迎使用机器人。由于使用了机器人，日本也尝到了甜头，它的汽车、电子工业迅速崛起，很快占领了世界市场。从现在世界工业发展的潮流来看，发展机器人是一条必由之路。也就是说，人类无法排斥机器人，但是可以研究一下如何更好地让机器人为人类服务。

没有机器人，人将变为机器

随着社会的发展，社会分工越来越细，尤其在现代化的大生产中，有的人每天就只管拧同一个部位的一个螺母，有的人整天就是接一个线头，就像电影《摩登时代》中演示的那样，人们感到自己在不断异化，各种职业病开始产生，因此人们强烈希望用某种机器代替自己工作，于是人们研制出了机器人，代替人完成那些枯燥、单调、危险的工作。由于机器人的问世，使一部分工人失去了原来的工作，于是有人对机器人产生了敌意。"机器人上岗，人将下岗。"不仅在我国，即使在一些发达国家如美国，也有人持这种观念。其实这种担心是多余的，任何先进的机器设备，都会提高劳动生产率和产品质量，创造出更多的社会财富，也就必然提供更多的就业机会，这已被人类生产发展史所证明。任何新事物的出现都有利有弊，只不过如果利大于弊，就会很快得到人们的认可。比如汽车的出现，它不仅夺了一部分人力车夫、挑夫的生意，还常常出车祸，给人们生命财产带来威胁。虽然人们都看到了汽车的这些弊端，但它还是成了人们日常生活中必不可少的交通工具。英国一位著名的政治家针对关于工业机器人的这一问题说过这样一段话："日本机器人的数量居世界首位，而失业人口最少，英国机器人数量在发达国家中最少，而失业人口居高不下。"这也从另一个侧面说明了机器人是不会抢人的饭碗的。

美国是机器人的发源地，但机器人的拥有量却远远少于日本，其中部分原因就是因为美国

拓展阅读

电子工业及其组成

电子工业是研制和生产电子设备及各种电子元件、器件、仪器、仪表的工业，是军民结合型工业。电子工业由广播电视设备、通信导航设备、雷达设备、电子计算机、电子元器件、电子仪器仪表和其他电子专用设备等生产行业组成。

有些工人不欢迎机器人，从而抑制了机器人的发展。日本之所以能迅速成为机器人大国，原因是多方面的，但其中很重要的一条就是当时日本劳动力短缺，政府和企业都希望发展机器人，国民也都欢迎使用机器人。由于使用了机器人，日本也尝到了甜头，它的汽车、电子工业迅速崛起，很快占领了世界市场。从现在世界工业发展的潮流来看，发展机器人是一条必由之路。没有机器人，人将变为机器；有了机器人，人仍然是主人。

◀ 机器人能和人友好相处吗

不论是工业机器人还是特种机器人（尤其是服务机器人）都存在一个与人相处的问题，最重要的是不能伤害人。然而由于某些机器人系统的不完善，在机器人使用的前期，引发了一系列意想不到的事故。

主从式机器人

1978 年 9 月 6 日，日本广岛一家工厂的切割机器人在切钢板时，突然发生异常，将一名值班工人当作钢板操作，这是世界上第一宗机器人杀人事件。

1982 年 5 月，日本山梨县阀门加工厂的一个工人，在调整停工状态的螺纹加工机器人时，机器人突然启动，抱住工人旋转起来，造成了悲剧。

1985 年，前苏联发生了一起家喻户晓的智能机器人棋手杀人事件。全苏国际象棋冠军古德柯夫同机器人棋手下棋连胜 3 局，机器人棋手恼羞成怒，突然向金属棋盘释放强大的电流，在众目睽睽之下将这位国际大师

人与机器人一起做实验

击倒。

这些触目惊心的事实，给人们使用机器人带来了心理障碍，于是有人展开了"机器人是福是祸"的讨论。

面对机器人带来的威胁，日本邮政和电信部门组织了一个研究小组，对此进行研究。专家认为，机器人发生事故的原因不外乎3种：

（1）硬件系统故障。

（2）软件系统故障

（3）电磁波的干扰。

知识小链接

电磁波

电磁波（又称电磁辐射）是由同相振荡且互相垂直的电场与磁场在空间中以波的形式移动，其传播方向垂直于电场与磁场构成的平面，有效地传递能量和动量。电磁辐射可以按照频率分类，从低频率到高频率，包括有无线电波、微波、红外线、可见光、紫外光、X射线和伽马射线等。人眼可接收到的电磁辐射，波长在380至780纳米，称为可见光。只要是本身温度大于绝对零度的物体，都可以发射电磁辐射，而世界上并不存在温度等于或低于绝对零度的物体。

这种意外伤人事件是偶然也是必然的，因为任何一个新生事物的出现总有其不完善的一面。随着机器人技术的不断发展与进步，这种意外伤人事件将会越来越少。正是由于机器人安全、可靠地完成了人类交给的各项任务，才使人们使用机器人的热情越来越高。

美国正在研究一种航天器内使用的机器人，计划将其带入太空，做一些宇航员无法做到的事情，成为宇航员最得力的助理。这种机器人只有垒球那么大，可以对航天器中的生命维持系统进行自动监视、摄像和排除障碍等，同时还可以代替已损坏的传感器

完成监视任务。可以说，有了它，今后的航天器在太空中飞行将更加安全。

"更深的蓝"战胜了什么

北京时间1997年5月12日凌晨4时50分，当"深蓝"将棋盘上的兵走到C4位置时，卡斯帕罗夫推坪认负。至此轰动全球的第二次人机大战结束，"深蓝"以3.5∶2.5的微弱优势取得了胜利。

那么"深蓝"是何许人也？卡斯帕罗夫又是何许人也？

"深蓝"是美国IBM公司生产的一台超级国际象棋电脑，重1270千克，有32个大脑（微处理器），每秒钟可以计算2亿步。"深蓝"输入了一百多年来优

秀棋手的对局200多万局。

卡斯帕罗夫是人类有史以来最伟大的棋手，在国际象棋棋坛上他独步天下，无人能出其右。前世界冠军卡尔波夫号称是唯一能与其抗衡的棋手，但在两人交战史上，每次都是卡斯帕罗夫取胜。可是，在1997年，孤独求败的卡斯帕罗夫不得不承认自己输了，而战胜他的是一台没有生命、没有感情的电脑。也许这是一件偶然的事件，可是，这件事使人类看到了一个自己不愿看到的结果：人类的工具终有一天会战胜自己。

"深蓝"和卡斯帕罗夫曾于1996年交过手，结果卡斯帕罗夫以4∶2战胜了"深蓝"。经过一年多的改进，"深蓝"有了更深的功力，因此又被称为"更深的蓝"。"更深的蓝"与一年前的"深蓝"相比具有了非常强的进攻性，在和平的局面下也善于捕捉杀机。

卡斯帕罗夫与"更深的蓝"的较量，引来了全世界无数棋迷和非棋迷的关注。人们对此次人机大战倾注了巨大的热情，各大新闻媒体都竞相报道和评论此次人机大战，显然不只是出于对国际象棋的热爱。事实上，许多关心比赛的记者和读者都是棋盲，是因为这场比赛所蕴涵的机器与人类智慧的较量的特殊意义吸引了他们。

知识小链接

国际象棋

国际象棋是一种2人对弈的战略棋盘游戏。国际象棋的棋盘由64个黑白相间的格子组成。国际象棋黑白棋子各16个，多用木头或塑胶制成，较为精美的石头、玻璃（水晶）或金属制棋子常用作装饰摆设。国际象棋是世界上最受欢迎的游戏之一。

卡斯帕罗夫输掉这场人机大战在社会上引起了轩然大波，引出了两种不同的观点：一部分人对此深感悲观，甚至惊恐不安，就像一些人对克隆技术感到可怕一样；另外一些人则只是对这一结果感到不愉快，但他们认为这未必不是好事。首先，比赛的结果不足以说明电脑就战胜了人脑，因为电脑的背后有一大批计算机专家。这些专家经过多年的努力，培养出来一个世界超级电脑棋手。电脑的进步表明人类对人脑的思维方式有了更深入的了解。从科学意义上讲，人机大战只是一项科学实验。其次，虽然电脑在棋盘上战胜了人类，但这并不会封杀国际象棋艺术，相反许多棋坛人士从人机大战中看到了国际象棋的新机遇。他们认为，如果在今后的国际象棋比赛中，棋手们可以使用计算机，通过高科技手段检验我们认为天才而又过分大胆的想法。

不错，我们已经发明了比我们跑得快的、举得重的、看得远的机器，如汽车、起重机、望远镜等，但是它们只能成为人类的一种工具，并没有影响到人的本质。人类发明的机器或许可以分为两类："体能机器"和"智能机器"。"体能机器"如汽车、飞机等，已经得到了公众的赞许，但"智能机器"却得到完全不同的反应。向来都自以为智商最高的人类，却在智力游戏中输掉了，于是有人惊呼，今天我们输掉了最伟大的棋手，明天我们还将输掉什么！

◐ 机器人是人类的助手和朋友

在科幻小说和电影电视中，我们对机器人作战的场面已不陌生。机器人不外乎分为两种，一种是人类的朋友，协助正义战胜邪恶；另一种则是人类的敌人，给世界带来灾祸。

英国雷丁大学教授瓦维克是控制论领域的知名专家，他在《机器的征途》一书中描写了机器人对未来社会的影响。他认为 50 年内机器人

机器人与人共舞

将拥有高于人类的智能。机器人在某些方面确实比人类强，比如：速度比人快，力量比人大等，但机器人的综合智能较人类还相去甚远，还没有对人类形成任何威胁。但这是否说明人类能永远控制或战胜自己的创造物呢？现在

还不得而知。这些预见从另一个角度给人们敲响了警钟，不要给自己创造敌人。克隆技术的出现，在社会上引起了很大的争议，大多数国家禁止克隆人。对于机器人还没有到这种地步，因为现在的机器人不仅未对我们构成威胁，而且给社会带来了巨大的效益。对于一些对人类有害，如带攻击武器的军用机器人应有所选择并限制其发展，我们不应将生杀大权交给机器人。

随着工业化的实现，信息化的到来，我们开始进入知识经济的新时代。创新是这个时代的源动力。文化的创新、观念的创新、科技的创新、体制的创新改变着我们的今天，并将创造我们的明天。新旧文化、新旧思想的撞击、竞争，不同学科、不同技术的交叉、渗透，必将迸发出新的精神火花，产生新的发现、发明和物质力量。科技创新带给社会与人类的利益远远超过它的危险。机器人的发展史已经证明了这一点。机器人的应用领域不断扩大，从工业走向农业、服务业；从产业走进医院、家庭；从陆地潜入水下、飞往空间……机器人展示出它们的能力与魅力，同时也表示了它们与人类的友好与合作。

知识小链接

雷丁大学

雷丁大学始建于1892年，由牛津大学创办。如今，它已成为一所集研究和教学于一体的综合大学，其各方面的成就，已经使它位于英国著名大学前列。

"工欲善其事，必先利其器。"人类在认识自然、改造自然、推动社会进步的过程中，不断地创造出各种各样为人类服务的工具，其中许多具有划时代的意义。作为20世纪自动化领域的重大成就，机器人已经和人类社会的生产、生活密不可分。世间万物，人力是第一资源，这是任何其他物质不能替代的。尽管人类社会本身还存在着不文明、不平等的现象，甚至还存在着战争，但是社会的进步是历史的必然，所以我们完全有理由相信，像其他许多科学技术发明一样，机器人也应该成为人类的好助手、好朋友。中国的未来在于科学。21世纪，科学技术的灯塔将指引着我们创造更加美好的明天。